今すぐ使える かんたん

Zoom &
Microsoft
Teams

がこれ1冊でマスターできる本

Imasugu Tsukaeru Kantan Series : Zoom & Microsoft Teams

技術評論社

本書の使い方

- ● 画面の手順解説だけを読めば、操作できるようになる!
- ● もっと詳しく知りたい人は、両端の「側注」を読んで納得!
- ● これだけは覚えておきたい機能を厳選して紹介!

特 長 1

機能ごとに
まとまっているので、
「やりたいこと」が
すぐに見つかる!

● 基本操作

赤い矢印の部分だけを読んで、
パソコンを操作すれば、
難しいことはわからなくても、
あっという間に操作できる!

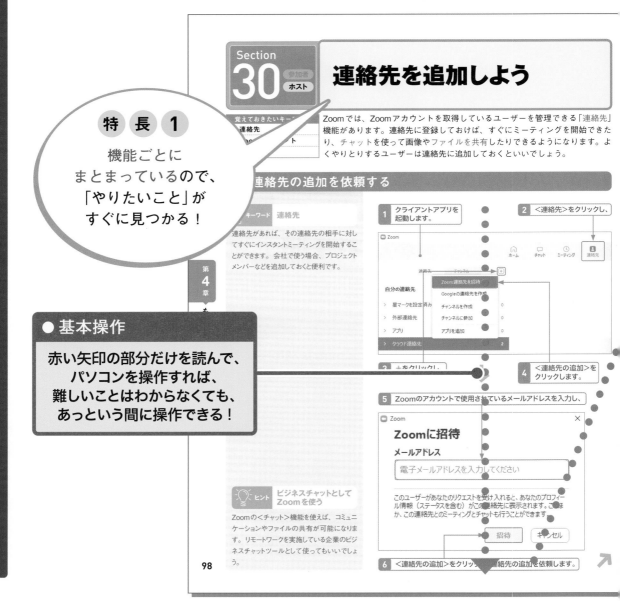

Section 30 参加者 ホスト

連絡先を追加しよう

Zoomでは、Zoomアカウントを取得しているユーザーを管理できる「連絡先」機能があります。連絡先に登録しておけば、すぐにミーティングを開始できたり、チャットを使って画像やファイルを共有したりできるようになります。よくやりとりするユーザーは連絡先に追加しておくといいでしょう。

連絡先の追加を依頼する

キーワード 連絡先

連絡先があれば、その連絡先の相手に対してすぐにインスタントミーティングを開始することができます。会社で使う場合、プロジェクトメンバーなどを追加しておくと便利です。

1 クライアントアプリを起動します。

2 <連絡先>をクリックし、

3 ＋をクリックし、

4 <連絡先の追加>をクリックします。

5 Zoomのアカウントで使用されているメールアドレスを入力し、

Zoomに招待

メールアドレス

電子メールアドレスを入力してください

このユーザーがあなたのリクエストを受け入れると、あなたのプロフィール情報（ステータスを含む）がこの連絡先に表示されます。このほか、この連絡先とのミーティングとチャットも行うことができます。

招待 キャンセル

ヒント ビジネスチャットとして Zoomを使う

Zoomの<チャット>機能を使えば、コミュニケーションやファイルの共有が可能になります。リモートワークを実施している企業のビジネスチャットツールとして使ってもいいでしょう。

6 <連絡先の追加>をクリックし、連絡先の追加を依頼します。

98

特長 2

やわらかい上質な紙を
使っているので、
開いたら閉じにくい！

● 補足説明

操作の補足的な内容を「側注」にまとめているので、
よくわからないときに活用すると、疑問が解決！

 メモ
補足説明

 ヒント
便利な機能

 キーワード
用語の解説

 ステップアップ
応用操作解説

7 連絡先のリクエストが送られます。
宛先などを確認したら＜OK＞をクリックします。

招待を次の宛先に送りました

8 ＜チャット＞をクリックし、

9 ＜連絡先リクエスト＞を
クリックします。

10 承認されると、このように表示され
ます。これで、連絡先に追加できま
した。

ヒント　連絡先のリクエストを承認する

連絡先の追加をリクエストしたユーザーの＜チャット＞画面に「連絡先リクエスト」がある旨、表示されます。ユーザーが連絡先リクエストを「承認」することで、連絡先に追加されます。

連絡先リクエスト

太郎 技術　外部

招待がこの連絡先により承認されました
この連絡先はあなたのステータスを確認できます

チャットの開始

ステップアップ　連絡先を削除する

連絡先はZoomのホーム画面から＜連絡先＞をクリックすると表示されます。連絡先に追加されたユーザーにはチャットで連絡したり、すぐにミーティングを開催したりできます。連絡先から削除する場合、削除したいユーザーを選び…をクリックしサブメニューを表示。サブメニューから＜連絡先の削除＞をクリックします。

Section **30** 連絡先を追加しよう

第4章 もっとZoomを

特長 3

大きな操作画面で
該当箇所を囲んでいるので
よくわかる！

99

パソコンの基本操作

- 本書の解説は、基本的にマウスを使って操作することを前提としています。
- お使いのパソコンのタッチパッド、タッチ対応モニターを使って操作する場合は、各操作を次のように読み替えてください。

1 マウス操作

▼ クリック（左クリック）

クリック（左クリック）の操作は、画面上にある要素やメニューの項目を選択したり、ボタンを押したりする際に使います。

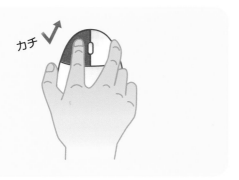

マウスの左ボタンを1回押します。

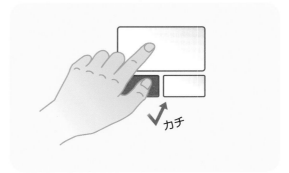

タッチパッドの左ボタン（機種によっては左下の領域）を1回押します。

▼ 右クリック

右クリックの操作は、操作対象に関する特別なメニューを表示する場合などに使います。

マウスの右ボタンを1回押します。

タッチパッドの右ボタン（機種によっては右下の領域）を1回押します。

▼ ダブルクリック

ダブルクリックの操作は、各種アプリを起動したり、ファイルやフォルダーなどを開く際に使います。

マウスの左ボタンをすばやく2回押します。

タッチパッドの左ボタン（機種によっては左下の領域）をすばやく2回押します。

▼ ドラッグ

ドラッグの操作は、画面上の操作対象を別の場所に移動したり、操作対象のサイズを変更する際などに使います。

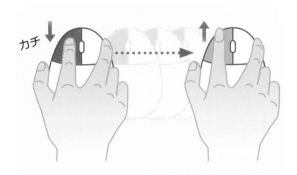

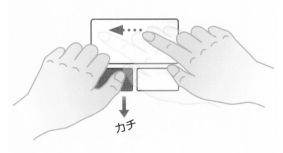

マウスの左ボタンを押したまま、マウスを動かします。目的の操作が完了したら、左ボタンから指を離します。

タッチパッドの左ボタン（機種によっては左下の領域）を押したまま、タッチパッドを指でなぞります。目的の操作が完了したら、左ボタンから指を離します。

📖✍ **メモ** ホイールの使い方

ほとんどのマウスには、左ボタンと右ボタンの間にホイールが付いています。ホイールを上下に回転させると、Webページなどの画面を上下にスクロールすることができます。そのほかにも、Ctrl を押しながらホイールを回転させると、画面を拡大／縮小したり、フォルダーのアイコンの大きさを変えることができます。

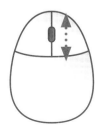

5

パソコンの基本操作

2 利用する主なキー

▼ 半角／全角キー

半角／全角／漢字

日本語入力と英語入力を切り替えます。

▼ ファンクションキー

F1 ～ F12

12個のキーには、ソフトごとによく使う機能が登録されています。

▼ デリートキー

Delete

文字を消すときに使います。「del」と表示されている場合もあります。

▼ 文字キー

文字を入力します。

▼ バックスペースキー

Back Space

入力位置を示すポインターの直前の文字を1文字削除します。

▼ エンターキー

Enter

変換した文字を決定するときや、改行するときに使います。

▼ オルトキー

Alt

メニューバーのショートカット項目の選択など、ほかのキーと組み合わせて操作を行います。

▼ Windows キー

画面を切り替えたり、＜スタート＞メニューを表示したりするときに使います。

▼ 方向キー

文字を入力するときや、位置を移動するときに使います。

▼ スペースキー

ひらがなを漢字に変換したり、空白を入れたりするときに使います。

▼ シフトキー

⇧ Shift

文字キーの左上の文字を入力するときは、このキーを使います。

3 タッチ操作

▼ タップ

トン

画面に触れてすぐ離す操作です。ファイルなど何かを選択する時や、決定を行う場合に使用します。マウスでのクリックに当たります。

▼ ダブルタップ

トントン

タップを2回繰り返す操作です。各種アプリを起動したり、ファイルやフォルダーなどを開く際に使用します。マウスでのダブルクリックに当たります。

▼ ホールド

画面に触れたまま長押しする操作です。詳細情報を表示するほか、状況に応じたメニューが開きます。マウスでの右クリックに当たります。

▼ ドラッグ

操作対象をホールドしたまま、画面の上を指でなぞり、上下左右に移動します。目的の操作が完了したら、画面から指を離します。

▼ スワイプ／スライド

画面の上を指でなぞる操作です。ページのスクロールなどで使用します。

▼ フリック

画面を指で軽く払う操作です。スワイプと混同しやすいので注意しましょう。

▼ ピンチ／ストレッチ

2本の指で対象に触れたまま指を広げたり狭めたりする操作です。拡大（ストレッチ）／縮小（ピンチ）が行えます。

▼ 回転

2本の指先を対象の上に置き、そのまま両方の指で同時に右または左方向に回転させる操作です。

Zoom目次

第0章　テレワークをはじめよう

第1章　Zoomを利用する準備をしよう

第 **2** 章　ミーティングに参加しよう

Zoom 目次

Contents

第 5 章 ミーティングを円滑に進めよう

Zoom 目次

第 **6** 章　スマートフォンでZoomを利用しよう

Contents

Microsoft Teams 目次

Contents

Microsoft Teams 目次

第 **5** 章 組織やチームメンバーを管理しよう

Contents

第 6 章　ビデオ会議をもっと使いこなそう

第 7 章　アプリや外部サービスと連携させよう

Microsoft Teams 目次

第 **8** 章　スマートフォンでMicrosoft Teamsを利用しよう

第9章　Microsoft Teamsで困ったときのQ&A

Chapter 00

第0章

テレワークをはじめよう

Section 01 参加者 ホスト
ZoomとMicrosoft Teamsの違いを知ろう

覚えておきたいキーワード
☑ Zoom
☑ Microsoft Teams
☑ テレワーク

ZoomとMicrosoft Teamsはテレワークを行う上で役に立つツールです。それぞれに得意な役割があるので、ZoomとMicrosoft Teamsの違いをしっかりと理解して、目的に応じて使い分けましょう。

1 ZoomとMicrosoft Teamsの比較

 メモ 利用にかかる料金

ZoomとMicrosoft Teamsには無料プランと有料プランが用意されています。詳細はSec.03とSec.04を参照してください。

2020年の新型コロナウィルスの蔓延がきっかけで、急遽テレワーク体制へと移行する企業が大幅に増加しました。その際に普及した代表的なツールがZoomとMirosoft Teamsです。どちらもビデオ会議やチャットでのミーティングで用いられており、機能面での共通点も多く存在しますが、違いはどこにあるのかを比較してみましょう。

	Zoom	Microsoft Teams
ビデオ会議	○	○
録音・録画	○	有料版のみ○
最大参加人数	500人	300人
最大表示人数	49人	49人
ゲストのログイン	不要	有料版のみ不要
無料版の時間制限	最長40分	最長1時間
テキストチャット	○	○
デスクトップ共有	○	○
リモート操作	○	○
ホワイトボード	○	○
ファイルの送受信	○	○
背景のぼかし	○	○
Officeとの連携	×	○
Googleカレンダーとの連携	○	○

2 ZoomとMicrosoft Teamsを使い分ける

ビデオ会議を行う際に必要となる機能はZoomにもMicrosoft Teamsにも用意されているので、基本的にはどちらを利用しても困ることはないかと思います。Zoomは比較的シンプルなツールですので、手軽にビデオ会議を行いたい場合には便利です。対して、Microsoft Teamsは機能・セキュリティ面でZoomよりも優れているため、より高度な使い方をしたい場合にはこちらを選んだ方がよいと思います。

なお、ツールを選ぶ際には、ビデオ会議やミーティングの相手がどのようなツールを主に使っているかも重要になります。どちらのツールを指定されても対応できれば、柔軟な対応が可能になり、仕事の幅も広がるかと思いますので、この際に2つのツールの使い方をまとめて学んでおきましょう。

メモ 外部との連携

利用しているツールとの連携のしやすさで選ぶのもよいと思います。Microsoft Teamsは各種Officeソフト以外にも多様なアプリやサービスと連携することができます。

Section 02 参加者 ホスト ZoomとMicrosoft Teams についてくわしく知ろう

覚えておきたいキーワード
☑ ビデオ会議
☑ チャット
☑ 連携

ここでは、ZoomとMicrosoft Teamsがどのようなツールであるかをくわしく見ていきたいと思います。どちらもうまく使いこなせれば有益なツールですので、仕事の現場でしっかりと役立てていきましょう。

1 Zoomとは

ビデオ会議用のソフトウェアとして代表的なものの1つにZoomがあります。Zoomを使えば、手軽にテレビ電話のように1対1で対話することや、セミナーのような1対多のビデオ会議を行うことができます。

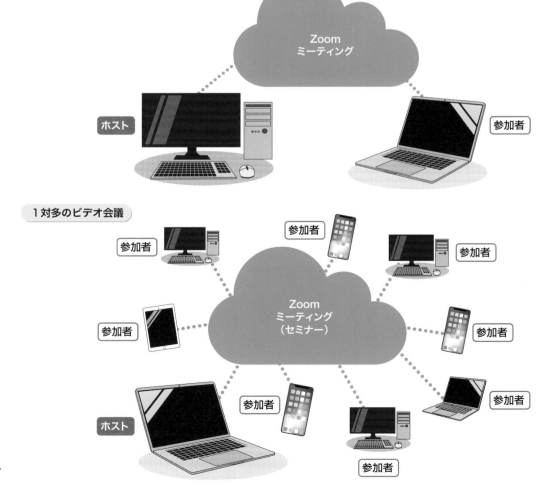

1対1のビデオ会議

1対多のビデオ会議

2 Zoomでビデオ会議（ミーティング）を開催する

ここでは簡単にZoomでミーティングを開催する際の流れを見てみましょう。

1 ホスト（主催者）がミーティングを設定し、参加者を招待します。

 メモ　ホストの役割

Zoomでミーティングを開催するときのホストの役割は下記のとおりです。

・ミーティングを予約／開始する
・参加者を招待する
・参加者の入室を許可する
・ミーティングを終了する

2 参加者は予定の日時に指定の場所にアクセスします。

3 Zoomミーティングが開始されます。

 メモ　参加者の役割

Zoomでミーティングを開催するときの参加者の役割は下記のとおりです。

・招待メールなどでミーティング内容を確認
・開催日時に指定の場所にアクセスしてミーティングに参加

3 Microsoft Teams とは

メモ 個人用の Microsoft Teams

Windows 11には個人用のMicrosoft Teamsが搭載されています。学校や会社で利用されている組織用のMicrosoft Teamsとは機能面が異なり、互換性の問題もあるため、利用の際には注意が必要です。なお、本書の発売はWindows 11のリリース前だったので、解説中では個人用のMicrosoft Teamsについては扱っていません。

メモ Skypeとは

Skypeとは、全世界で利用されているコミュニケーションツールです。ユーザーどうしであれば、無料で音声通話やビデオ通話などを利用できます。なお、従来オフィス向けアプリケーションとして利用されていた「Skype for Business」は、Microsoft Teamsに統合予定です。両者の違いは、Microsoft 365をはじめとするさまざまなアプリケーションやサービスと連携している点です。

メモ メールとチャットの違い

チャットツールは、メールのような文字によるやりとりを基本とするツールです。メールとの違いとしては、時候のあいさつや形式的な慣用句を省いたフランクな会話が主流である点やメッセージの既読を確認できる機能がある点などが挙げられます。会話形式に近いため、よりリアルタイムなコミュニケーションが可能で、対個人はもちろん、グループでの意思疎通もかんたんに行うことができます。緊急時にも発信とレスポンスを即時に行えるため便利です。

多くの企業がリモートワークに移行を進める中で、ビデオ通話をWeb会議のツールとして利用したり、ネットワーク上のグループワークを円滑に行うために、チャット機能やタスク管理機能を活用したりすることが増えています。

Microsoft Teamsは、Skypeの通話機能に加えて、チームやチャネルといったグループの管理機能やコミュニケーション機能、作業効率化機能が搭載されたオフィス向けアプリケーションです。日ごろからオフィスで利用しているアプリケーションやサービスとの連携により、作業の効率化や生産性の向上につながります。

Microsoft Teamsの大きな特徴は、コミュニケーション機能です。「チーム」というグループを作成し、さらに「チャネル」という小さいグループに分け、その単位ごとに会話を行うことができます。情報の伝達や共有が正確かつかんたんに行えるため、誰が、いつ、どこにいてもスムーズなコミュニケーションが可能です。

https://www.microsoft.com/ja-jp/microsoft-365/microsoft-teams/group-chat-software

4 アプリケーションやサービスとの連携

Microsoft Teamsは、単体で利用しても大変便利ですが、特徴の1つでもある「アプリケーションやサービスとの連携」を活用することで、さらに魅力的なアプリケーションとして利用できます。なお、現在700近くの連携可能なアプリケーションやサービスが紹介されています（2021年6月現在）。

Officeアプリのサブスクリプションサービス「Microsoft 365」

Microsoft Teamsは、OfficeアプリケーションをはじめとしてMicrosoft 365との高い親和性を持っています。WordやExcel、PowerPointなどとの連携はもちろん、以下のようなアプリケーションとの連携を活用することで、コミュニケーションツールの枠を超えてさまざまなことをシームレスに行えます。

アプリケーション	可能にすること
Outlook	予定表の機能にアクセス
SharePoint	ワークフローのすばやいチェック
Planner	チーム全体の包括的なタスク管理
OneNote	資料やアイディアの共有
Forms	アンケート結果をリアルタイムに確認・共有

業務効率化アプリケーション「Slack」

「Microsoft Teams Calls」を「Slack」にインストールし、MicrosoftアカウントとSlackアカウントを連携させることで、「Slack」にMicrosoft Teamsの通話機能を追加できます。

メモ管理アプリケーション「Evernote」

アイディアやToDoなどを手軽にノートに記録できる「Evernote」と連携させることで、Microsoft Teams内からノートにアクセスし、関連情報を参照することが可能になります。

オンラインストレージサービス「Dropbox」

クラウド上でファイルを共有・同期できる「Dropbox」と連携させることで、Microsoft Teamsのメンバー間で「Dropbox」の共有フォルダを使用した共同作業が可能になります。

Web会議サービス「Zoom」

社内向けコミュニケーションツールはMicrosoft Teamsを利用し、社外向けコミュニケーションツールは「Zoom」を利用している場合には、「Zoom」でPro以上の有料プランを契約すると、Microsoft Teamsに「Zoom meeting」を追加できます。

 メモ **Microsoft 365の導入**

Microsoft Teamsは、Microsoft 365を導入してさえいれば無料で利用することができます。なお、利用できる機能はMicrosoft 365のプランによって異なります。

Section 03 参加者 ホスト ZoomとMicrosoft Teams の利用に必要なものを知ろう

覚えておきたいキーワード
☑ デバイス
☑ 周辺機器
☑ 通信環境

ZoomやMicrosoft Teamsの利用を始める前に、あらかじめ必要なものを用意しておきましょう。パソコン本体や通信環境のほかにも、マイクやスピーカー、Webカメラなどの周辺機器が必要になる場合もあります。

1 あらかじめ用意しておきたいもの

ノートパソコンやスマートフォン、タブレットの場合、カメラやマイク、スピーカーは最初から付いているものが多いので、本体があれば特に困りません。ただし、カメラが付いていないノートパソコンであれば、カメラを用意する必要があります。外部のノイズが気になるのであれば、ヘッドホン（もしくはヘッドセット）やイヤホンを用意しておきましょう。

自分の顔を映すカメラ

外付けカメラ
（UCAM-C980FBBK：エレコム）

話している声を聞くヘッドホン（ヘッドセット）

自分の声を伝えるマイク

BSHSMUM110SV：
バッファロー

ヘッドセット
（HS-ARMA200VBK：エレコム）

デバイス	概要
ヘッドセット	マイクとの距離や角度を常に一定に保つことができるので、声量を一定に保つことができます
スピーカーフォン	ハンズフリーでほかの作業をしながら通話ができます
Webカメラ	設置場所や角度を変えることによって、画角を調整できます。また、画質の調整も可能です
卓上電話機	卓上電話機では、安定した通信回線で通話ができます

2 Zoomの通信環境を確認しておこう

必要な通信環境と機材

デバイス	インターネット接続	映像/音声	オプション
パソコン	有線接続（LAN） Wi-Fi	内蔵カメラ、 マイク	Webカメラまたは HD Web カメラ、ビデオキャプチャカード搭載の HD カム、または HD カムコーダ
スマートフォン/ タブレット	モバイル通信（4G/LTE など） Wi-Fi	インカメラ、 マイク	Bluetooth ワイヤレススピーカーとマイク

推奨される回線速度

主体	1対1	グループ	画面共有	そのほか
参加者	高品質ビデオ： 600kbps（下り） HDビデオ： 1.2Mbps（下り）	高品質ビデオ：600kbps（下り） HDビデオ：1.2Mbps（下り）	ビデオサムネイルなし： 50-75kbps（下り） ビデオサムネイルあり： 50-150kbps（下り）	音声のみ 60-80kbps （下り）
主催者	高品質ビデオ： 600kbps（上り/下り） HDビデオ： 1.2Mbps（上り/下り）	高品質ビデオ：800kbps/1.0Mbps （上り/下り） ギャラリービュー： 1.5Mbps/1.5Mbps（上り/下り）	ビデオサムネイルなし： 50-75kbps（上り/下り） ビデオサムネイルあり： 50-150kbps（上り/下り）	オーディオVoIPの場合 60-80kbps（上り/下り）

サポートされている端末

パソコン	PC　Windows 10 Windows 8 または 8.1 Mac　macOS 10.9以降
iOS と Android デバイス　ほか	

 **メモ Webブラウザ**

Zoomを利用するには、Webブラウザが必要です。サポートされているブラウザは、以下の通り。

Windows	IE11、Edge 12、Firefox 27、Chrome 30
Mac	Safari 7、Firefox 27、Chrome 30

 メモ スピーカーフォンを使う

会議室などで複数人がミーティングに参加する場合、個々のメンバーがそれぞれのパソコンで音声を利用すると、ハウリングの原因にもなり、音声をクリアに伝えることができない場合があります。そういう場合には複数人が1つのマイクとスピーカーを共有できるスピーカーフォンを使うと便利です。家の中や外出先で家族の声や外の騒音が気になる場合、ヘッドセットやマイク付きのイヤホンを使いましょう。こちらの声もクリアに伝えることができます。

スピーカーフォン
（みんなで話す蔵：サンコーレアモノショップ）

3 Zoomの料金プランを確認しておこう

<table>
<tr><th colspan="2">基本プラン（個人向け）</th></tr>
<tr><td>価格</td><td>無料</td></tr>
<tr><td>参加人数</td><td>100人まで</td></tr>
<tr><td>ホスト人数</td><td>1人</td></tr>
<tr><td>利用時間</td><td>1対1の場合は無制限、グループ利用の場合は40分まで</td></tr>
</table>

<table>
<tr><th colspan="2">プロプラン（小規模チーム向け）</th></tr>
<tr><td>価格</td><td>20,100円／年／ホスト</td></tr>
<tr><td>参加人数</td><td>100人まで</td></tr>
<tr><td>ホスト人数</td><td>最大100人まで</td></tr>
<tr><td>利用時間</td><td>無制限</td></tr>
</table>

<table>
<tr><th colspan="2">ビジネスプラン（中小企業向け）</th></tr>
<tr><td>価格</td><td>26,900円／年／ホスト</td></tr>
<tr><td>参加人数</td><td>300人まで</td></tr>
<tr><td>ホスト人数</td><td>300人まで</td></tr>
<tr><td>利用時間</td><td>無制限</td></tr>
</table>

<table>
<tr><th colspan="2">企業プラン（大企業向け）</th></tr>
<tr><td>価格</td><td>27,000円／年／ホスト</td></tr>
<tr><td>参加人数</td><td>500人まで</td></tr>
<tr><td>ホスト人数</td><td>500人まで</td></tr>
<tr><td>利用時間</td><td>無制限</td></tr>
</table>

4 Microsoftアカウントとは

 メモ セキュリティ設定

Microsoftアカウントを取得すると、セキュリティ情報を設定することができます。2段階認証設定や認証アプリ設定、サインイン設定などを行えます。

メモ メールアドレスの取得

Microsoftアカウントを作成すると、「…@outlook.jp」のメールアドレスを取得できます。このメールアドレスは、Microsoftが提供する無料の個人用メールサービスであるOutlookで確認できます。

Microsoftアカウントとは、Microsoftの製品やサービスを利用するために必要なアカウントです。また、Microsoft Storeにあるさまざまなアプリケーションをダウンロードする場合には、無料・有料を問わず、Microsoftアカウントでサインインしなければ、ダウンロードすることができません。

Microsoftアカウントには、無料プランと有料プランのものがあります。Microsoft Teamsを利用するには、無料プランのアカウントで対応できます。アカウントを持っていない場合には、まずは無料プランのアカウントを作成しましょう。ただし、Microsoft 365をはじめとするアプリケーションとの連携を行うためには、有料プランのアカウントが必要になることがあります。なお、すでにアカウントを持っている場合は、そのアカウントでサインインしましょう。

http://account.microsoft.com/

5 Microsoft Teams を利用できるデバイス

Microsoft Teams には、パソコンで利用できる「デスクトップ版」、Web ブラウザで利用できる「ブラウザ版」、スマートフォンやタブレットで利用できる「モバイル版」があります。デスクトップ版とブラウザ版は、Windows パソコンのほかにも、Mac や Linux を搭載したパソコンにも対応しています。なお、ブラウザ版については「Microsoft Edge」、「Google Chrome」、「Firefox」、「Safari」などで利用可能ですが、一部機能が制限されている場合もあります。モバイル版は、Android スマートフォンと iPhone の両方に対応しています。

 スマートフォンで利用する

スマートフォンでは、ブラウザ版を利用できません。アプリをインストールする必要があります。

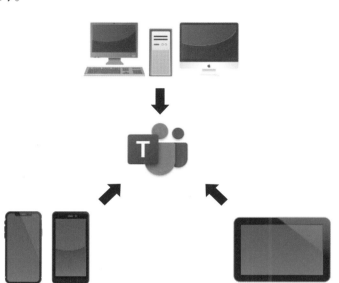

6 Microsoft Teams の料金プランを確認しておこう

Microsoft Teams は Microsoft 365 に含まれているサービスであるため、Microsoft 365 のどの有料プランで契約しているかにより、料金やサービス内容が違います。詳細は P.35 を参照してください。

Section 04 参加者 ホスト

ZoomとMicrosoft Teams の有料プランについて知ろう

覚えておきたいキーワード
- ☑ 基本プラン
- ☑ プロプラン
- ☑ ウェビナー

Zoomの基本機能は無料アカウントでも十分使えます。プライベートで使うのであれば無料のアカウント（基本プラン）で問題ありません。複数名でのミーティングをたびたび行うのであれば、時間制限なくたっぷり話ができる有料のアカウント（プロプラン以上）を取得しておくとよいでしょう。

1 Zoomの有料アカウントでできること

 メモ　無料アカウントの制限

無料アカウントの場合、1対1で話せば時間制限はありませんが、参加者が3名以上になると最大40分しか話せません。もっと長く話したい場合は、有料アカウントを登録する必要があります。

複数名で時間制限なく話ができます。

治 早田

録画データをローカルに保存することができます。

 メモ　録画データを保存する場所

無料アカウントの場合、録画データはクラウドに保存されますが、有料アカウントだとローカルに保存できます。ただし録画データは容量が大きいため、パソコンのHDD容量を圧迫しないためにはクラウドに保存したほうがよいかもしれません。

第0章 テレワークをはじめよう

複数名でホストを担当することができます。

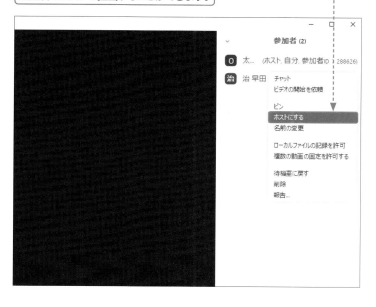

 メモ　ウェビナーとは

ウェビナーとは、オンラインでセミナーを行う際に利用するサービス。通常のZoomでは参加者をミュートすることで音声を制限できますが、ウェビナーの場合は基本的に参加者は発言できません。発表会をオンラインで行う場合、ウェビナーで開催するケースが多いようです。

参加者を招待してウェビナーを開催することができます。

ステップアップ　共同ホストがやるべきこと

共同ホストに任命されたら、どんなことをすればいいのでしょうか。いろいろありますが、代表的な役割は次の通りです。

1	参加者のミュートを管理する (Sec.37)
2	チャットでサポートする (Sec.13)
3	チャットを管理する (Sec.38)
4	参加者のトラブルをフォローする (Sec.42)
5	Zoom ミーティングの様子を録画する (Sec.20)
6	トラブルが起きた時に対応する (Sec.40/Sec.41)
7	ブレークアウトルームを補佐する

2 Microsoft Teams の有料ライセンスでできること

**ライセンスを
アップグレードする**

Microsoft Teamsにサインイン後、プロフィールアイコンをクリックし、<アップグレード>をクリックして、画面の指示に従い、プランの選択や契約を行います。

Microsoft Teamsのライセンスは、Microsoft 365のサブスクリプションサービスのユーザーライセンスとなっています。ライセンスを取得しなければ、Microsoft Teams を利用することができません。しかし、右ページの表にもあるように、無料のライセンスを取得することもできます。なお、有料のサブスクリプションプランを契約することで、ライセンスをアップグレードすることができます。アップグレード後に再び、無料ライセンスに戻すことはできません。

企業や法人向けのサブスクリプションプランは、ユーザーごとに年間契約の月額料金の支払いが必要ですが、充実した機能やサービスを多く利用できます。とくに、「Microsoft 365 Business Standard」や「Microsoft 365 E3」には、さまざまな Microsoft 365 のアプリケーションが利用できるライセンスが付属しています。ビジネスとして、Microsoft Teams を利用予定の場合には、これらの有料のサブスクリプションプランを契約するとよいでしょう。

https://www.microsoft.com/ja-jp/microsoft-teams/compare-microsoft-teams-options?activetab=pivot:primaryr1

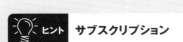

サブスクリプション

サブスクリプションとは、商品やサービスに代金を直接支払うのでなく、「定額制」で利用するサービスを指します。

第**0**章　テレワークをはじめよう

	Microsoft 365 Business Basic	Microsoft 365 Business Standard	Office365 E3	Microsoft Teams free (classic)
用途	中小企業向け		大企業向け	個人向け
月額料金（税別）	540円	1,360円	3,480円	無料
グループ会議の時間制限	最長30時間			最長60分（当面は24時間）
最大ユーザー数	300人		無制限	100人（当面は300人）
クラウドストレージ	1TB			5GB
ブラウザ版で「Microsoft 365」アプリの利用	○	○	○	○
デスクトップ版で「Microsoft 365」アプリの利用	×	○	○	×
通常の電話機との通話	×	×	○	×
電話やWebでのサポート	○	○	○	×
サービス保証	○	○	○	×
ユーザーとアプリの管理ツール	×	○	○	×
「Microsoft 365」アプリの使用状況	○	○	○	×

※上記はサービスの一部です。

 ヒント　月額料金

Microsoft Teamsは、Microsoft 365に含まれるサービスであるため、すでにMicrosoft 365を導入している場合は無料で利用できます。導入していない場合は、1ユーザーごとに月額料金の支払いが必要になります。

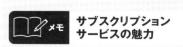 **サブスクリプションサービスの魅力**

Microsoft Teamsのようなサブスクリプションサービスは、利用し続ける限り費用が継続的に発生しますが、常に最新のサービスが提供され続けるという魅力があります。

Section 05 参加者 ホスト
Zoomのホストと 参加者の違いを知ろう

覚えておきたいキーワード
- ☑ ホスト（主催者）
- ☑ 参加者
- ☑ ミュート

Zoomミーティングを行う際、そのミーティングを開催するのが「ホスト」で、ミーティングに参加するのが「参加者」です。「ホスト」は、「参加者」が使えないさまざまな権限を持っています。ここでは、ホストが実行できる権限についていくつか紹介します。

第0章 テレワークをはじめよう

1 ホストは参加者の音声やビデオ、名前を管理できる

メモ 全員をミュートする

複数のメンバーでミーティングを行う際、同時に複数のメンバーが話し始めてしまうと、音声が途切れて内容がわかりにくくなります。これを防ぐには、あらかじめ全員ミュート（消音）にしておき、挙手した人だけがミュートを外して話すようにしましょう。もしメンバーが自分でミュートにできなければ、ホスト側で強制的にミュートにすることもできます。

参加者のビデオを停止します。

メモ 参加者の名前を変える

参加者は自分の名前を好きな名前に変えることができますが、なかにはうまく変えられない人もいます。ホストは、参加者の名前を自由に変更することができます。参加者が自分で変えられない時は、変えたい名前を聞き、その名前に変えてあげましょう。

参加者の名前を変更します。

36

2 ホストはミーティングへの入退出を管理できる

1 Webページの＜ミーティング＞で＜待機室＞が
有効になっているかどうか確認します。

 ヒント　**待機室とは**

Zoomの「待機室」とは、ミーティングの主
催者がミーティングルームへの参加をコント
ロールする機能。ミーティングに参加する人
をいったん「待機室」に入れることで、参加
を許可したメンバーだけがミーティングに参加
できるようになります。ホストが先にミーティン
グルームに入って準備している間、他の参
加者を待たせておくこともできます。

2 ミーティングの際、参加者の待機室からの入室を許可します。

 ステップアップ　**ミーティングを録画する**

Zoomミーティングの主催者は、ミーティングを録画すること
ができます。会議内容を記録したり、配信したセミナーを後
日動画としてオンライン公開する際は利用しましょう。録画し
たデータは、YouTubeにアップロードして公開することも可
能。その際、限定公開にすれば、URLを知っている人だ
けがその動画を見られるようになります。

Microsoft Teamsの組織・チーム・チャネルについて知ろう

参加者 ホスト

覚えておきたいキーワード
☑ 組織
☑ チーム
☑ チャネル

Microsoft Teams では、「組織」、「チーム」、「チャネル」というカテゴリでメンバーが管理されます。個々のアカウントが単体でほかのアカウントとコミュニケーションを取るのではなく、これらのカテゴリ内でやりとりを行います。

1 組織・チーム・チャネルの違い

 メモ **それぞれの管理者**

それぞれのカテゴリには、管理者が置かれ、管理者のみが操作可能な機能や権限が設けられています。なお、管理者を変更することも可能です。

Microsoft Teams には、階層化されたカテゴリがあり、大きい順に組織>チーム>チャネルとなっています。組織にアカウントが追加されることで、チームに所属することができます。また、チームに所属すると、チャネルに参加できます。

組織

Microsoft Teams 内のいちばん上の階層です。学校や企業など大本の組織を指します。

チーム

組織より一階層下の階層です。組織内の部署やプロジェクト、クラスなどを指します。なお、Microsoft Teams をセットアップすると、組織名と同名のチームが作成されます。

チャネル

チームのさらに一階層下の階層です。チーム内の専用トピックや少人数グループを指します。チームを作成すると、「一般」という名前のチャネルがそのチーム内に自動的に作成されます。「一般」以外にもチャネルを複数作成し、目的に応じたチャネル内で仲間と作業すると効率よく管理できます。

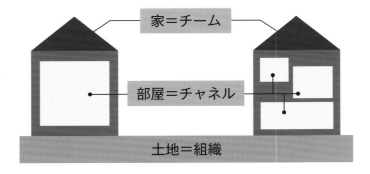

Chapter 01

第1章

Zoomを利用する 準備をしよう

Section 01 参加者 ホスト

Zoom導入の手順を確認しよう

覚えておきたいキーワード
☑ アカウント
☑ クライアントアプリ
☑ インストール

ここでは、アカウント登録からクライアントアプリ（デスクトップアプリ）をインストールし、起動するまでの流れを説明します。ミーティングに参加するだけであれば、アカウントの登録は必要ありませんが、本書の解説は、基本的にアカウントが登録済みであることを前提に進めていきます。

1 Zoom導入の手順を確認する

📖メモ **無料アカウントでOK**

Zoomのアカウントには、無料のものと有料のものとがあります。少し使ってみる程度であれば無料アカウントでOKです。

ここでは、クライアントアプリのダウンロードからインストール、起動までをかんたんに説明します、詳細は各セクションで確認してください。

1 Sec.02の手順を参照しながら「https://www.zoom.us」でアカウントを登録します。

2 Sec.03の手順を参照しながら、クライアントアプリをダウンロードし、インストールします。

🔑キーワード **クライアント**

クライアントとは、サーバーにアクセスしてサービスを利用する側のコンピューターやアプリのこと。本書では、Zoomのサーバーにアクセスし、ミーティングの開催を依頼する際に使うアプリのことを「クライアントアプリ」と呼びます。

3 Sec.03の手順を参照しながらクライアントアプリを起動し、サインインします。

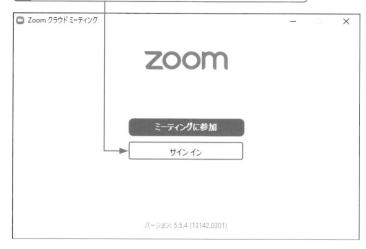

4 この画面（ホーム画面）が開いたら、Sec.04を参照し、機能を確認してください。

メモ スマホ用アプリもある

Zoomのクライアントアプリには、パソコン用だけでなくスマホやタブレット用のアプリもあります。その場合、「App Store」や「Play ストア」などアプリストアで「Zoom」を検索し、ダウンロードして使います。

アプリ名 **ZOOM Cloud Meetings**
iOS Android
カテゴリ：ビジネス
料　金：無料

メモ アカウントなしでも参加できる

Zoomミーティングに招待された時、アカウントを作らずに参加する方法もあります。Webブラウザで「https://zoom.us/」にアクセスし、画面右上の「ミーティングに参加する」をクリックした後、指定されたミーティングIDまたはパーソナルリンクを入力するとミーティングが開きます。

ミーティングに参加する

ミーティングIDまたはパーソナルリ

参加

Section 02 参加者 ホスト アカウントを登録しよう

覚えておきたいキーワード
☑ アカウント
☑ サインアップ
☑ メールアドレス

Zoomミーティングに参加する機会が多かったり、ミーティングを主催したりするのであれば、アカウントを登録しておきましょう。アカウント登録には、メールアドレスが必要です。あらかじめ用意し、登録手続きを始めましょう。ここでは、アカウントを登録する手順を見ていきます。

1 アカウント登録（サインアップ）する

 メモ スマホでサインアップするには

ここではパソコンを使ったサインアップ方法を説明していますが、スマホからサインアップする方法もあります。スマホの場合、Zoomアプリをインストールし、アプリの起動画面で＜サインアップ＞をタップします。その場合も、登録用のメールアドレスと名前が必要ですので、あらかじめ用意しておきましょう。

1 Webブラウザ（ここではMicrosoft Edge）でZoomのサイト（https://zoom.us/）にアクセスし、

2 ＜サインアップは無料です＞をクリックします。

3 次の画面で生年月日を入力し、この画面でメールアドレスを入力して、

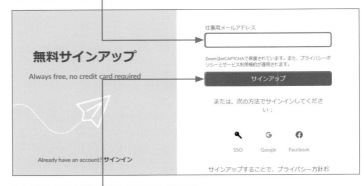

 メモ SNSアカウントでも登録可能

GoogleやFacebookなどのアカウントを持っている場合、サインアップ画面で＜Googleでサインイン＞＜Facebookでサインイン＞をクリックすると、ユーザー登録ができます。

4 ＜サインアップ＞をクリックします。

5 メーラーを起動し、Zoomからの確認メールを開いて
<アカウントをアクティベート>をクリックします。

🔅ヒント **パスワードを決める
には**

パスワードは好きな文字列にできますが、次
のような条件があります。

・8文字以上であること
・アルファベットが1つ以上含まれていること
・アルファベットは大文字と小文字の両方が
　含まれていること
・数字が1つ以上含まれていること

この条件を満たしたパスワードを考えて登録し
ましょう。

6 ブラウザが開いたら、指示に
従って必要項目を入力します。

7 入力が終わったら<続ける>
→<手順をスキップする>を
クリックします。

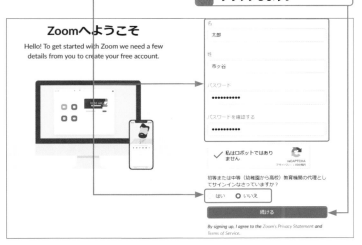

アカウント登録が完了しました。

🔅ヒント **Webページから
サインインするには**

ZoomのWebページからサインインするには、
ブラウザでZoomのサイトにアクセスし、サ
インインをクリックします。 具体的な操作は
Sec.28を参照してください。 サインアウトす
るには、右上の自分のアイコンをクリックし、
表示されたメニューで「サインアウト」をクリッ
クします。

Zoomのクライアントアプリをインストールしよう

Section
03
参加者
ホスト

覚えておきたいキーワード

☑ ダウンロード
☑ インストール
☑ クライアントアプリ

パソコンでZoomを使うには、Zoomのクライアントアプリをインストールする必要があります。ここではZoomアプリのダウンロードからインストールの方法までを紹介します。なお、本文ではWindowsで説明していますが、Macでも同様の方法でダウンロードからインストールまで行えます。

1 Zoomのクライアントアプリをダウンロードする

 メモ クライアントアプリのインストール

ここでは、クライアントアプリのダウンロードからインストールまでの手順を解説しています。第2章以降の解説では、クライアントアプリの使用が前提になりますので、ここで起動までの確認を行っておいてください。

1 Webブラウザ（ここではMicrosoft Edge）でZoomのサイト（https://zoom.us/）にアクセスし、

2 画面下部に移動し、＜ダウンロード＞をクリックします。

3 ダウンロードセンターが開くので、ミーティング用Zoomクライアントの＜ダウンロード＞をクリックします。

 メモ ダウンロードセンター

「ダウンロードセンター」では、Zoomミーティングで使うアプリのほか、OutlookでZoomミーティングを開始するアドインや、WebブラウザでZoomミーティングが使いやすくなる機能などが公開されています。Zoomに慣れてきたら、こういったツールも使っていくといいでしょう。

2 Zoom をインストールする

1 インストーラーのダウンロードを終了すると、ブラウザ下部に
ファイル名が表示されるので<ファイルを開く>をクリックします。

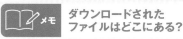

**メモ ダウンロードされた
ファイルはどこにある?**

ダウンロードされたファイルは、通常「ユー
ザー」フォルダの「ダウンロード」フォルダに
保存されます。**1**のようなダイアログが開か
ない場合は、「ダウンロード」フォルダを開い
て確認してみましょう。

2 インストーラーが起動し、「このアプリがデバイスに変更を加える
ことを許可しますか?」と表示されたら<はい>をクリックします。

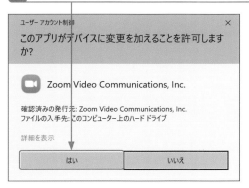

インストールが開始され、しばらく待つと
クライアントアプリが起動します。

Section
04
参加者
ホスト

クライアントアプリの 画面と機能を知ろう

覚えておきたいキーワード
☑ サインイン
☑ ミーティング ID
☑ 個人リンク

Zoomミーティングのクライアントアプリがあれば、ミーティングを開催したり、ほかの人が開催しているミーティングに参加したりする際に便利です。たびたびZoomミーティングに参加するのであれば、クライアントアプリをインストールしておきましょう。ここでは、アプリの画面や機能の概要について説明します。

1 起動画面の機能を知ろう

メモ サインインは必要?

アプリを起動すると<サインイン>と<ミーティングに参加>という2つのボタンが表示されます。ミーティングに参加するだけならサインインする必要はありませんが、自分がホストとなるのであれば、サインインが必要です。また、参加するだけであっても継続してZoomを使う場合は、サインインしておくといいでしょう。サインインしたままの状態でアプリを起動すると、手順1、2は省略され、P.47のホーム画面が開きます。

メモ 起動画面でサインインするには

起動画面で「サインイン」をクリックすると、この画面が開きます。Sec.02で登録したメールアドレスとパスワードを入力してサインインしてください。まだアカウントがない場合は「無料でサインアップ」をクリックし、Sec.02を参考にサインアップしてください。

1 サインインしていない状態でクライアントアプリを起動すると、この画面が表示されます。ほかの人が主催するミーティングに参加する時は、<ミーティングに参加>をクリックします。

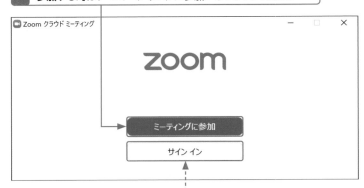

Zoomにサインインする時は<サインイン>をクリックします。サインインすると、P.47の「ホーム画面」が開きます。

2 この画面が開くので、招待された内容からミーティングIDまたは個人リンク名を入力してミーティングに参加します。

2 ホーム画面の機能を知ろう

チャットを使えばリアルタイムに
テキストでやりとりできます。

予約しているミーティングの一覧が
確認できます。

ほかの人が主催するミーティングに参加できます。

よくミーティングする相手は、
連絡先に登録しておきます。

すぐにミーティング
を開始できます。

⚙をクリックすると、
設定画面が開きます。

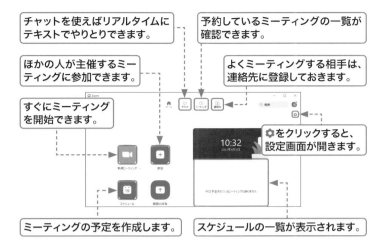

ミーティングの予定を作成します。

スケジュールの一覧が表示されます。

ホーム画面の右下に＜画面の共有＞という
ボタンがあります。これは、Zoomミーティングに参加して自分のパソコンの画面を見せたい時に使う機能。資料を見ながら話をしたい時などに使います。Zoomミーティング開始後、画面を共有することもできます。具体的な操作方法についてはSec.21で説明していますので、そちらを参照してください。

3 設定画面の機能を知ろう

設定する項目を選びます。

各項目の詳細設定を行います。

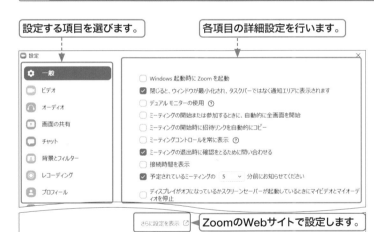

ZoomのWebサイトで設定します。

右上のプロフィールアイコンをクリックすると、オプションメニューが開きます。ここでは、自分のアカウントで使っているメールアドレスを確認したり、自分のステータス（状況）を変えたり、アカウントを切り替えたりすることができます。

一般	Zoomアプリ全般の設定を行う
ビデオ	映像に関する設定を行う
オーディオ	音に関する設定を行う
画面の共有	画面共有に関する設定を行う
チャット	チャットに関する設定を行う
背景とフィルター	映像の背景と、フィルターの設定を行う
レコーディング	Zoomミーティングを録画する際の設定を行う
プロフィール	自分のプロフィールを編集する
統計情報	ネットワークの速度やCPUの使用率を確認する
キーボードショートカット	Zoomミーティング中に使えるショートカットキーを確認する
アクセシビリティ	字幕の文字サイズや画面に表示されるアラートを設定する

ミーティング画面と機能を知ろう

覚えておきたいキーワード
- ☑ ミーティングコントロール
- ☑ スピーカービュー
- ☑ ギャラリービュー

Zoomクライアントアプリをインストールすると、アプリを使ってZoomミーティングに参加したり、開催したりすることができるようになります。ここでは、ミーティング中の画面と、操作メニュー（ミーティングコントロール）およびそれぞれの用途について説明します。

1 2つのビデオレイアウトについて知っておこう

メモ ミーティング画面のレイアウト（ビュー）を変える

ミーティングが始まると、参加者の顔が表示されます。参加者が複数名いる場合、1人だけ大きく映るビューと、複数名の参加者が一覧表示されるビューがあります。1人しか表示されていない表示画面で、他の参加者を確認したい場合は、右上のボタンをクリックしてビューを変更します。

ビュー切り替えボタン

ミーティングコントロール（P.49参照）

スピーカービュー

ヒント 参加者を確認したい時は

このミーティングにどれくらいの人が参加しているかを知りたい時は、ツールバーの＜参加者＞の横にある数字を確認します。この数字が、参加人数になります。誰が参加しているのか知りたい時は＜参加者＞をクリックすると参加者パネルに名前が一覧できます。

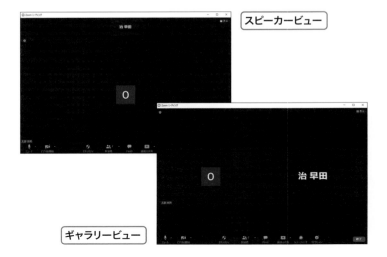

ギャラリービュー

2 ミーティングコントロールの機能を知っておこう

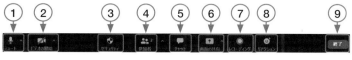

① ミュート	マイクをオフにして、こちら側の声が聞こえないようにする
② ビデオの停止	映像をオフにして、こちら側の映像が見えないようにする
③ セキュリティ（主催者のみ）	ミーティングをロックし、新しい参加者がミーティングに参加できないようにするなど、各種制限を行う
④ 参加者	ミーティング参加の許可や参加者の名前変更、ミュートなどを行う
⑤ チャット	参加者とテキストで会話したい時に使う
⑥ 画面の共有	資料など画面を見せて話したい時に使う
⑦ レコーディング	ミーティングの様子を録音・録画する
⑧ リアクション	「いいね！」や拍手などでリアクションしたい時に使う
⑨ 終了または退出	ミーティングを終了または退出する

メモ **最初からミュートになっているときは**

ミーティングコントロールの左下にある<ミュート>が最初からオンになっている場合があります。ミーティングのホストが、ミーティングの際に参加者が発言しないように全員をミュートしているので、そのままにしておきましょう。

1 ビデオを停止をクリックすると、

2 自分の映像が映らなくなります。

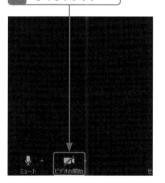

ステップアップ 「ミュート」と「ビデオ停止」

ミーティングには参加したいけど、あまり目立ちたくないという場合は、<ミュート>と<ビデオ停止>の両方を設定しておきましょう。ビデオを停止すれば姿は見えなくなりますが、音は聞こえてしまいます。ビデオを停止にしたから大丈夫だろうと思っていても、家族の会話や生活音がすべて参加者に聞かれてしまうかもしれません。ミーティングに参加する前に<設定>で<ミーティングの参加時にマイクをミュートに設定>をオンにしておくとさらに安心です。

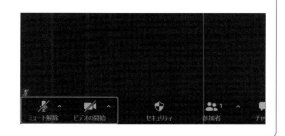

Section 06 参加者 ホスト スピーカーとマイクの テストをしよう

覚えておきたいキーワード
- ☑ オーディオ
- ☑ マイク
- ☑ スピーカー

Zoomミーティングに参加すると、相手の声が聞こえなかったり、自分の声が出ていなかったりすることがよくあります。ミーティングが始まってから慌てないように、前もってマイクとスピーカーが使えるかどうかチェックしておきましょう。

1 オーディオとマイクの設定を行う

メモ 「声が聞こえにくい」と言われたら

Zoomミーティング中に「声が聞こえにくい」と言われたら、<設定>の<オーディオ>を開き、<マイク>の<自動で音量を調整>をオフにした後、音量を手動で調整してみましょう。

マイク

| マイクのテスト | マイク配列 (インテル |
入力レベル：
音量：　　　　　◀
○ 自動で音量を調整

1 Zoomクライアントアプリでサインインした後、右上の⚙アイコンをクリックします。

閉じる 設定

ホーム　チャット　ミーティング　連絡先　　🔍 検索　⚙

16:21
2021年4月7日

2 <オーディオ>をクリックし、

3 <スピーカーのテスト>をクリックしてスピーカーから音が出ることを確認します。

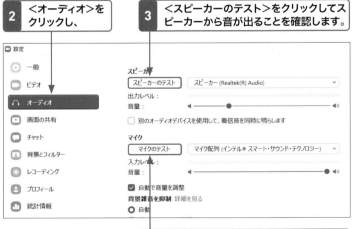

□ 設定

- ⚙ 一般
- 🎥 ビデオ
- 🎧 オーディオ
- 📱 画面の共有
- 💬 チャット
- 👤 背景とフィルター
- ◉ レコーディング
- 👤 プロフィール
- 📊 統計情報

スピーカー

| スピーカーのテスト | スピーカー (Realtek(R) Audio) ∨
出力レベル：
音量：　◀━━━●━━━━━◀))
○ 別のオーディオデバイスを使用して、着信音を同時に鳴らします

マイク

| マイクのテスト | マイク配列 (インテル® スマート・サウンド・テクノロジー) ∨
入力レベル：
音量：　◀━━━━━━━●◀))
☑ 自動で音量を調整
背景雑音を抑制 詳細を見る
◉ 自動

4 <マイクのテスト>をクリックし、マイクが動作していることを確認します。

2 ミーティング画面からオーディオの設定を行う

1 Zoomクライアントアプリからミーティングを開催（参加）すると、この画面が開くので＜コンピューターオーディオのテスト＞をクリックします。

2 スピーカーのテストが始まります。音が聞こえたら「はい」をクリックします。同様にマイクのテストも行います。

3 テストが終わったら、＜コンピューターでオーディオに参加＞をクリックします。

ヒント テストで音が聞こえない時は

テストで音が聞こえない時は「いいえ」をクリックします。すると次の画面が開くので、今使っているマイクやスピーカー以外のものを選んで再度試してみてください。

ヒント ミーティング接続時に自動的にオーディオに接続するには

左下の「ミーティングへの接続時に、自動的にコンピューターでオーディオに接続」にチェックを入れると、次回からこの画面が表示されず、自動的にオーディオに接続されるようになります。

チェック

Section 07 参加者 ホスト

テストミーティングで映像と音声を確かめよう

覚えておきたいキーワード
- ☑ テストミーティング
- ☑ マイク
- ☑ スピーカー

Zoomミーティングに参加する前に映像と音を確認するには、Zoomの「テストミーティング」を使います。テストミーティングでできることは、Sec.06で紹介したことと同じです。しかし、ミーティングの前に準備しておくとより安心です。

1 テストミーティングに参加する

メモ ブラウザからZoomを開くには

Webブラウザで「https://zoom.us/test」を開き、<参加>ボタンをクリックすると「Zoom Meetingsを開こうとしています」というダイアログが表示されます。ここで<開く>をクリックすると、Zoomクライアントアプリが起動します。

1 「https://zoom.us/test」にアクセスします。

2 <参加>ボタンをクリックしてZoomを起動します。

3 「着信音が聞こえますか」と表示され、音が鳴ります。聞こえたら<はい>をクリックします。

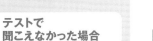

メモ テストで聞こえなかった場合

テストミーティングで音が聞こえなかったら<いいえ>をクリックするとスピーカーやマイクの切り替え画面が開きます。そこでマイクやスピーカーを切り替えて再度テストしてみてください。

4 次の画面では声を出してみます。その後、自分の声が聞こえたら<はい>をクリックします。

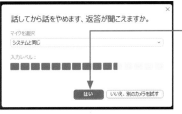

第2章

ミーティングに参加しよう

Section
08 参加者 ホスト

招待を受け取って ミーティングに参加しよう

覚えておきたいキーワード
- ☑ URL
- ☑ ミーティングID
- ☑ パスコード

メールやメッセージでZoomミーティングの招待が届いたら、本文の中に記載されているURLをクリックするか、ミーティングIDとパスコードをメモし、Zoomクライアントアプリを開いてその文字を入力します。ここではURLをクリックしてZoomミーティングに参加する方法を説明します。

1 パソコンで受け取った招待メールでミーティングに参加する

🔑 キーワード URLとは

URLとは、WebブラウザでWebページにアクセスする際に必要な文字列のこと。この例で言うと「https://」から始まる青い英字がURLになります。通常はURLをクリックするとWebページが開き手順 2 のダイアログが表示されます。

1 メールやメッセージ本文に記載されたURLをクリックします。

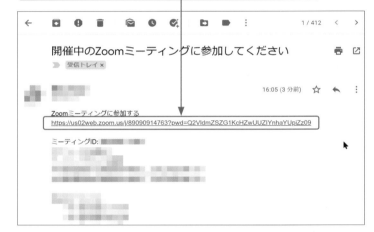

2 Webブラウザが起動しこの画面が表示されたら、<開く>をクリックします。

📖 メモ ミーティングIDを使って参加する

招待メールの本文に書かれている「ミーティングID」と「パスコード」を使って参加する方法もあります。PCで受けた招待メールを見ながらスマートフォンのZoomアプリを使って参加する場合、そのほうが便利です。ミーティングIDを使って参加する方法は、Sec.27で説明していますので、参照してください。

54

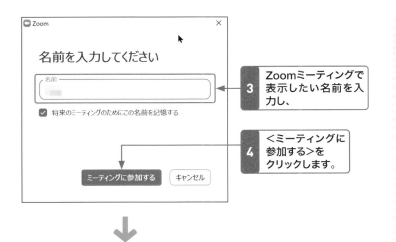

3 Zoomミーティングで表示したい名前を入力し、

4 ＜ミーティングに参加する＞をクリックします。

5 ホストが参加を許可するまでの間、待機メッセージが表示されます。画面が変わったら＜ビデオ付きで参加＞もしくは＜ビデオなしで参加＞をクリックします。

6 ミーティング画面が開き、ミーティングに参加することができました。

メモ サインインしている場合は

すでにZoomクライアントアプリでサインインしている場合は、左の手順3のような画面は表示されず、直接手順5の画面が開きます。

ヒント 顔を見せたくない時は

Zoomミーティングに参加する時、「顔を見せたくない」と思ったら、手順5の画面で＜ビデオなしで参加＞をクリックします。すると、Zoomミーティングが始まっても顔は映らず、黒い画面の上に自分の名前だけが表示されます。

ステップアップ 「開く」をクリックせずにZoomを開く方法

招待メールのURLをクリックした際に開く右の画面に＜us02web.zoom.usが、関連付けられたアプリでこの種類のリンクを開くことを常に許可する＞という文章とチェックボックスが表示されています。このチェックボックスにチェックを入れておくと、次回、メールのURLをクリックした際、＜開く＞をクリックしなくてもすぐにZoomクライアントアプリが開くようになります。

55

カメラやマイクの
オン・オフを切り替えよう

覚えておきたいキーワード
☑ ミュート
☑ ビデオ
☑ セミナー

Zoom ミーティングに参加している時、自分の映像を映したくなかったり、声を聞かれたくなかったりすることがあります。そういう時は、「ミュート」や「ビデオの停止」機能を使いましょう。ここでは、Zoom ミーティングに参加した後で映像や音声をオフにする方法を説明します。

1 音声をオフにする

キーワード ミュート

「ミュート」には「音を消す」という意味があります。Zoomの場合、こちら側の音声をオフにすることを「ミュート」と言います。家族が話していたり、外の騒音がうるさいと感じたりするような時は「ミュート」機能を使いましょう。

1 参加した後で音声をオフにするには、ミーティングコントロールの<ミュート>をクリックします。

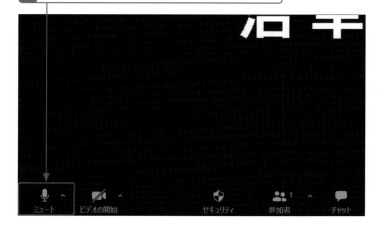

2 音声がオフになりました。<ミュート解除>をクリックすると、また音声がオンになります。

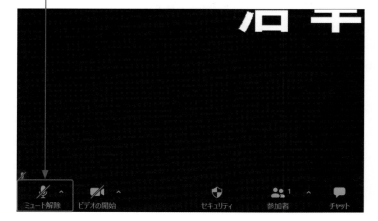

メモ セミナーでは基本ミュートに

オンラインでセミナーや発表会が開かれることがあります。その場合、スピーカーの話を邪魔しないように、参加者は基本的に音声をミュートにします。場合によっては、主催者側の設定でミュートになっている場合もあります。

2 映像をオフにする

1 参加した後で映像をオフにするには、画面左下の
＜ビデオの停止＞をクリックします。

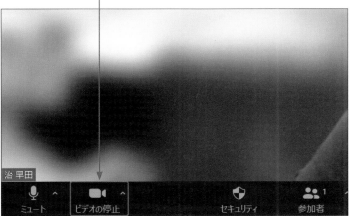

2 映像がオフになりました。＜ビデオの開始＞をクリックすると、
また映像がオンになります。

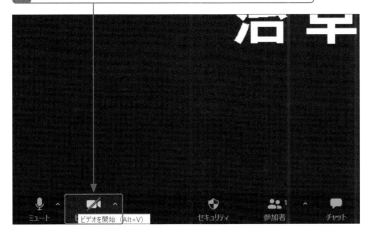

メモ 席を外す時は

Zoomミーティングの途中で席を外したい時
は、念のため映像をオフにしておきましょう。
この時、同時に音声もオフにすることを忘れ
ずに。映像を消すだけだと、こちらの話し声
や生活音はそのまま流れてしまいます。

ステップアップ ミーティングに入る前にオフにするには

ミーティングに参加する前、右のような画面
が表示された時、＜ビデオなしで参加＞をク
リックすると、映像をオフにした状態で参加
することができます。Sec.06の設定画面に
ある「ビデオ」設定を使ってあらかじめビデオ
映像をオフにすることもできます。

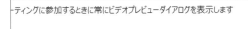
ーティングに参加するときに常にビデオプレビューダイアログを表示します

ビデオ付きで参加　　ビデオなしで参加

Section 10 参加者 ホスト ミーティングで発言しよう

Zoomミーティングに参加していて発言したくなったら、マイクに向かって話をしましょう。Zoomクライアントアプリの画面では、話している人の外枠が緑色に変わったり、大きく表示されたりするので、今話しているのが誰なのかが一目でわかります。

1 ミーティングで発言する

メモ 発言時に自分の顔はどう映る?

Zoomには、「スピーカービュー」と「ギャラリービュー」という2通りの表示モード (ビデオレイアウト) があります。「スピーカービュー」は、今話している人が大きく映し出されるモードで、「ギャラリービュー」は、参加メンバーが同じサイズで複数表示されるモード。詳細については、Sec.12で説明していますので、そちらを参照してください。

1 ミーティングで発言する時は、左下の🎤を確認します。<ミュート解除>となっていたらクリックして<ミュート>に変え、発言します。

2 発言が終わったら、左下の🎤をクリックし、<ミュート解除>に戻します。

メモ 自分は大きく表示されない (スピーカービュー)

通常スピーカービューの場合、参加者のパソコン画面には話し手 (スピーカー) が大きく映りますが、話し手自身のパソコン画面にはその本人の顔が大きく写ることはありません。ただし、ほかの参加者の画面には、話し手である「本人 (あなた)」の顔が大きく写っています。

2 オーディオを調整する

1	ミュートボタンの右の ^ をクリックし、

2	メニューから<オーディオ設定>を選択します。

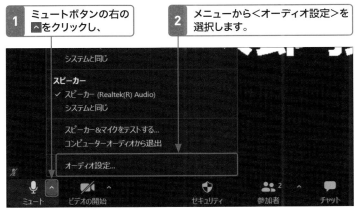

3	オーディオ設定画面で<スピーカーのテスト>をクリックし、聞こえる音を調整します。

4	次に<マイクのテスト>をクリックし、声を出した後、再生される音を聞いて音の大きさを確認します。

5	うまく音声が出ていない場合は、ここをクリックしてほかのマイクを試してみます。

 ヒント 「声が小さい」と言われたら

Zoomミーティングで発言していると「声が小さい」と言われることがあります。その時は、の画面を開き、<自動で音量を調整>のチェックを外した後、<入力レベル>をもう少し高くしてみてください。そうすると、音が大きく聞こえる場合もあります。

 ヒント ほかのマイクが表示されるのは

手順でほかのマイクが表示されるのは、パソコンに外付けマイクが接続されている場合のみ。外付けカメラにマイク性能が備わっていることもあるので、念のため確認してみましょう。

Section 11
参加者
ホスト

相手の発言に
リアクションしよう

覚えておきたいキーワード
☑ ミーティングコントロール
☑ リアクション
☑ 絵文字

Zoom ミーティングでほかの人が話している時、拍手や「いいね！」を送りたくなることがあります。声を出さずにリアクションを示すには、「リアクション」を使います。リアクションの絵文字はいくつか種類があるので、その時に示したい気持ちに合った絵文字を使いましょう。

1 リアクションで拍手を送る

🔑 キーワード **リアクション**

ここでいう「リアクション」とは、誰かが話をしている時、その話を聞きながら「いいね！」や「好き」「おめでとう」などの感情を表現すること。SNSで共感できる投稿を見た時、投稿にハートマークや「いいね！」マークを付けることがありますが、それと同じです。

1 ミーティングコントロールの＜リアクション＞をクリックします。

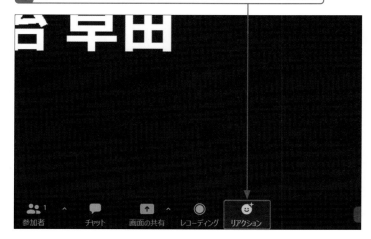

2 複数の絵文字が表示されるので、気持ちに合ったものを選んでクリックします。

📝 メモ **選べる絵文字は
1つだけ**

リアクションを送る時、選べる絵文字は1つだけ。一度に2つの絵文字を送ることはできません。よく考えて、自分が表現したい気持ちに合った絵文字を1つ選びましょう。

2 | 表示されたリアクションを消すには

1 <リアクション>で選んだ絵文字が表示されました。

2 そのまま何もせずに5秒間待っていれば表示が消えます。

📖 メモ　間違えた時は

拍手を送るつもりだったのに、笑顔のリアクションを送ってしまった……。絵文字を間違えた時は、すぐに正しい反応の絵文字をクリックしましょう。そうすると、後で送った絵文字に差し替えることができます。

🏃 **ステップアップ**　リアクションを使い分ける

<リアクション>をクリックすると、6種類の絵文字が表示されます。発言している人の意見に対して賞賛する気持ちを伝えたい時は、左側にある「拍手」か「いいね!」の絵文字を使います。発言に感銘を受けたり、好きな話と感じた時は「ハート」の絵文字を使います。おもしろい話だと思ったらハートの右にある泣き笑いの絵文字を、話の内容に驚いた時はその右にある「びっくり顔」の絵文字を使います。お祝いの気持ちを伝えたい時は、一番右の「クラッカー」の絵文字を使います。

12 参加者 ホスト 表示方法を変えよう

覚えておきたいキーワード
- ☑ スピーカービュー
- ☑ ギャラリービュー
- ☑ 全画面表示

Zoomミーティングが始まると、参加者が表示されます。参加者を表示するモードは2つあり、1つは参加者がタイルのように並んで表示される「ギャラリービュー」、もう1つは発言者が大きく表示される「スピーカービュー」です。この2つのモードの違いと、切り替える方法を説明します。

1 スピーカービューとギャラリービューの違いを知ろう

📖✎ メモ **表示名を見れば モードがわかる**

右上にある<表示>の前に小さなアイコンが付いています。このアイコンは、それぞれのビューについてシンプルに示したもの。この形を見れば、今どの表示モードなのかが一目でわかります。下の画像の場合、左がギャラリービューで、右がスピーカービューです。

スピーカービュー画面。話している人をアップにしてみたい場合はこのモードが便利。ほかの参加者は、上に小さなアイコンで表示されます。

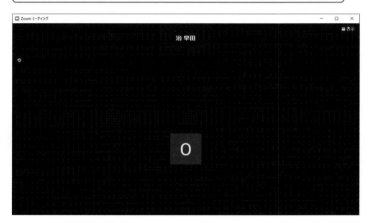

ギャラリービュー画面。複数の参加者を一覧画面で確認したい場合はこのモードが便利。

2 スピーカービューとギャラリービューを切り替える

1 画面上にマウスカーソルをおき、上下に操作メニューが
表示されたら、右上にある<表示>をクリックします。

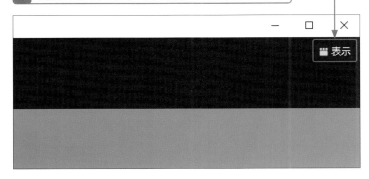

2 この画面が表示されたら、<ギャラリービュー>
をクリックします。

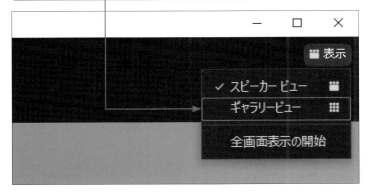

3 ギャラリービューに切り替わりました。スピーカービューに
戻したい場合も同じ操作をします。

ヒント　ギャラリービューで表示
人数を増やしたい時は

ギャラリービューに変えても一部の参加者し
か表示されない場合は、<全画面表示の開
始>をクリックしましょう。そうするとZoomク
ライアントアプリが全画面で表示され、ギャラ
リービューに表示される人数が増えます。
設定画面の<ビデオ>には、<ギャラリー
ビューで1画面に最多49人の参加者を表
示する>という項目があります。ここにチェッ
クを入れておくと、49人まで表示されるよう
になります（ただしパソコンのCPUによって、
この機能がサポートされていない場合もありま
す）。

☑ ビデオに参加者の名前を常に表示します
☐ ミーティングに参加する際、ビデオをオフにする
☑ ビデオミーティングに参加するときに常にビデオプレビューダイアログを表示します
☐ ビデオ以外の参加者を非表示にする
☐ 話すとき、私のビデオをスポットライトします
☑ ギャラリービューで1画面に最多49人の参加者を表示する
まだビデオは見ていません。トラブルシューティング
［ 詳細 ］

Zoom

第

2

章

ミーティングに参加しよう

Section 13

参加者 ホスト

チャット機能を使って会話をしよう

Zoomには、文字を使ってメッセージを送る機能があります。誰かが話している時、話を邪魔せずに自分の言いたいことを伝えたい場合は、チャットを使って発言しましょう。特定の参加者のみと話をしたい場合、プライベートメッセージも送れます。

1 メッセージを送信する

キーワード チャットとは

チャットとは、オンラインでリアルタイムに複数の人がテキストを使って会話をするということ。LINEやメッセンジャーの会話もチャットです。Zoomの場合、誰かが話している時に質問を送ったり、音声はミュートになっているけれど発言したい場合に使われることが多いようです。

ヒント プライベートメッセージを送るには

チャットで特定の相手だけにメッセージを送りたい時はプライベートメッセージを使います。チャットの入力画面上にある<全員>をクリックすると、参加者の名前リストが表示されるので、送りたい相手を選び、テキストを入力してEnterキーを押します。詳しい操作方法はSec.24で説明していますので、そちらを参照してください。

1 ミーティングコントロールの<チャット>をクリックします。

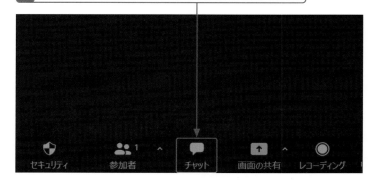

2 画面右枠にチャットボックスが表示されたら、下部の<ここにメッセージを入力します>というところに文字を入力し、終わったらEnterキーを押します。

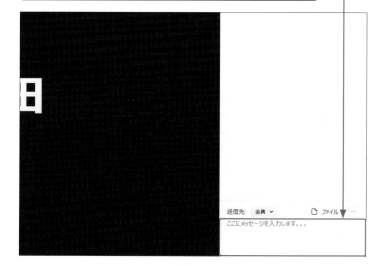

2 メッセージを読む

1 誰かがチャットを送ると、このように画面下に
チャットのテキストが表示されます。

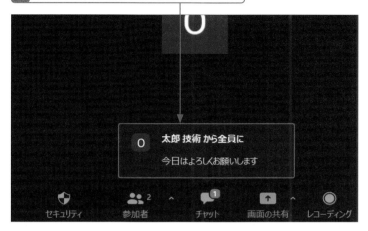

↓

2 ＜チャット＞アイコンをクリックすると、右枠にチャットボックスが
表示され、これまでのやりとりが確認できます。

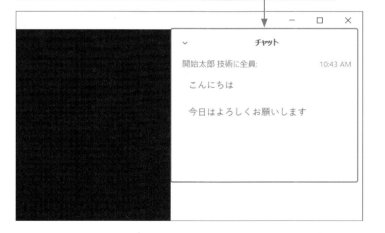

ヒント　チャットを閉じるには

チャットを閉じたい時は、チャット画面左上に
ある✓マークをクリックし、＜閉じる＞をクリッ
クします。

ステップアップ　チャットを保存する

Zoomミーティングで会話したチャットログを保
存しておきたい場合は、右下の＜…＞という
アイコンをクリックし、＜チャットの保存＞をク
リック。すると、パソコンの「ドキュメント」フォ
ルダ内「Zoom」フォルダにチャットログテキス
トが保存されます。

<table>
<tr><td>Section
14</td><td>参加者
ホスト</td></tr>
</table>

ほかの参加者を招待しよう

覚えておきたいキーワード
☑ メール
☑ メッセンジャー
☑ SMS

Zoomミーティングの参加者は、自分が参加しているミーティングにほかの人を招待することができます。ただし、ほかの人を招待するにはメールやSMS、メッセンジャーを使って連絡する必要があるため、招待できるのは連絡先を知っている相手に限られます。

1 参加しているミーティング画面から招待する

📖✍メモ **招待を呼び出す
ショートカットキー**

Zoomミーティングに招待する画面は、右の手順で開くことができますが、キーボードで Alt + I キーを押すと招待画面が開きます。

📖✍メモ **参加者リストからも
招待可能**

＜参加者＞をクリックすると、右枠に参加者一覧画面が表示されます。この一番下にある＜招待＞を使って招待することもできます。

> **1** ほかの人を招待するには、ミーティングコントロールの＜参加者＞の右にある▲をクリックします。

> **2** ＜招待＞と表示されたら、クリックします。

3 開いたウィンドウの＜メール＞タブをクリックし、いつも使っているメールを選んでクリックします。

4 メールが開いたら、招待したい人のメールアドレスを入力し、メールを送信します。

ヒント メッセージサービスで招待する

LINEやメッセンジャーなどのメッセージサービスを使ってZoomミーティングに招待する場合、＜招待リンクをコピー＞や＜招待のコピー＞をクリックします。クリップボードに必要な情報がコピーされるので、メッセージサービスを起動し、本文にペーストして送信します。

メモ 「招待リンクをコピー」と「招待のコピー」の違い

上の「ヒント」画面には＜招待リンクをコピー＞と＜招待のコピー＞という2つの項目が表示されています。＜招待リンクをコピー＞をクリックすると、Zoomミーティングのリンクがコピーされますが、＜招待のコピー＞をクリックすると、Zoomミーティングのリンクに加え、ミーティングIDとパスコードもコピーされます。

ステップアップ 招待された人の参加を許可する

招待を送り、その人がZoomミーティングに参加した場合、ホストの設定によっては待機室に送られることがあります。その時は、Zoomミーティングに参加できるようにホストに依頼して入室を許可してもらいましょう。入室を許可する方法は、Sec.19で説明しています。

ミーティングから
退出しよう

Zoomミーティングが終わると、ホストがミーティングを終了すると同時に、参加者はミーティングから自動で退出します。しかしミーティングの途中で退出したくなった時は、自分で退出操作をしなければなりません。ここでは、自分で退出操作をする方法を説明します。

1 ミーティングから退出する

メモ 退出時には一言挨拶を

Zoomミーティングの途中で退出する際、退出する前にホストや参加者に一言挨拶をしておきましょう。誰かが話をしている場合は、声を出して話をすると邪魔してしまうことになります。そういう時は、Sec.13で説明した「チャット」を使って挨拶をしましょう。

1 ミーティングコントロールの＜退出＞をクリックします。

レコーディング　リアクション　　　　　　　　　退出

2 ＜ミーティングを退出＞をクリックします。

ミーティングを退出

キャンセル

メモ ミーティング画面を閉じても退出可能

クライアントアプリの右上にある「×」をクリックすると、＜ミーティングを退出＞と表示されるので、これをクリックすると退出できます。

第3章

ミーティングを開こう

16
参加者
ホスト

ミーティングを予約しよう

覚えておきたいキーワード
- ☑ スケジュール
- ☑ ミーティングURL
- ☑ パスコード

「○月○日に打ち合わせをしましょう」と決まった場合、その日時を指定して
Zoom ミーティングを予約することができます。ミーティングを予約すると
ミーティングURLやパスコードが発行されるので、事前に参加者に伝えてお
きましょう。ここでは、ミーティングを予約する方法を説明します。

1 スケジュールに予約を入力する

Zoom

第
3
章

ミーティングを開こう

📖✏メモ **アプリでスケジュール を確認**

あらかじめミーティングを予約しておくと、ミー
ティングが開催される当日、アプリ起動画面
で予約したミーティングの内容が確認できま
す。

1 クライアントアプリを起動します。サインイン
していない場合は<サインイン>します。

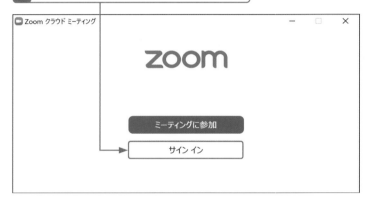

2 ホーム画面が開いたら<スケジュール>をクリックします。

3 ミーティングの名前や日時、時間など必要事項を入力し、最後に＜保存＞をクリックします。

4 スケジュールの情報が表示されたら、＜クリップボードにコピー＞をクリックし、参加者に通知しましょう。

 メモ　カレンダーに転記する

ミーティングを予約したら、忘れないようにカレンダーにも書いておきましょう。「ミーティングをスケジューリング」画面の＜カレンダー＞では＜Outlook＞や＜Googleカレンダー＞など、カレンダーサービスが選べます。いつも使っているカレンダーサービスをクリックすると、該当日にスケジュール内容がコピーされます。

Zoom

第**3**章　ミーティングを開こう

ステップアップ　Webサイトからスケジュールを作成する

ミーティングの予約は、ZoomのWebサイトから作成することもできます。スケジュールを作成するには、Zoomサイトにアクセスし、サインインした後、画面上にある＜ミーティングをスケジュールする＞をクリックします。すると、右図のスケジュール作成画面が開きます。

71

参加者を招待しよう

覚えておきたいキーワード
☑ クリップボード
☑ ミーティング ID
☑ パスコード

Zoom ミーティングを予約したら、次にミーティングに参加するメンバーを招待します。Zoom ミーティングに参加するにはミーティング ID やパスコード、ミーティングの URL などの情報が必要になります。参加するメンバーには、これらの情報をメールやメッセージで送っておきましょう。

1 クライアントアプリで招待情報を取得する

📝メモ **スケジュールから招待情報をコピーする**

あらかじめミーティングを予約しておくと、トップ画面の＜スケジュール＞に予定が表示されます。右の「…」をクリックすると＜招待のコピー＞という項目が表示されるので、クリック。これでミーティングに参加するために必要な情報がクリップボードにコピーされます。

1 Sec.16の手順❹の画面で＜クリップボードにコピー＞をクリックすると、招待情報がクリップボードにコピーされます。

2 メーラーを開き、新規作成画面の本文にクリップボードの内容をペーストして参加メンバーにメールを送ります。

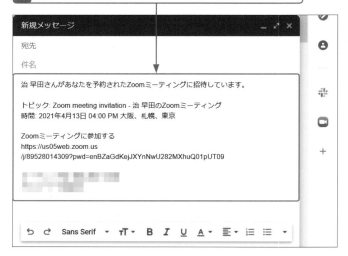

Zoom 第 **3** 章 ミーティングを開こう

2 Zoom の Web サイトで招待情報を入手する

1 ZoomのWebサイトにアクセスし、サインインして<ミーティング> をクリックします。招待したいミーティングをクリックします。

手順**2**で<招待状のコピー>をクリックし、 メール本文にペーストすると、とても長い文 章になってしまう場合があります。

招待するのに必要なのは赤で囲んでいる部 分、つまり「Zoomミーティングに参加する」 の後のURLと、その後の「ミーティングID」 「パスコード」のみで、ほかは必要ありません。 このまま送ってもよいのですが、受け取った 人がわかりやすいようにしたいのであれば、 不要な部分はすべてメール本文から削除して しまいましょう。

2 次の画面で<Invite Link>の右にある <招待状のコピー>をクリックします。

3 次の画面で<ミーティングの招待状をコピー>をクリックし、 P.72の手順**2**でメールにペーストします。

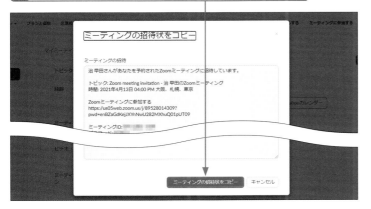

Section 18

参加者
ホスト

ミーティングを開始しよう

覚えておきたいキーワード
☑ ミーティング
☑ ビデオ
☑ 固定ID

予定の日時がきたら予約したミーティングを開催しましょう。ミーティングを開始するには、Webページからミーティングを選んで開始する方法と、アプリから開始する方法があります。ここでは、2つの方法の操作手順について説明します。

1 ZoomのWebサイトからミーティングを開始する

ヒント **ミーティングは予約時間より早く始められる**

あらかじめスケジュールしたミーティングは、決めた時間より早かったり遅かったりしても、この手順ですぐに開始することができます。少し早めに入って準備したい場合は、時間より前でも<開始>をクリックしてミーティングを開きましょう。

1 WebブラウザでZoomのサイトにアクセスし、<ミーティング>をクリックします。

2 開始したいミーティングまでカーソルを移動し、

3 <開始>をクリックします。

4 「このサイトは、Zoom Meetingsを開こうとしています。」というダイアログが表示されたら<開く>をクリックします。

ブラウザが表示しているダイアログの**Zoom Meetingsを開く**をクリックしてください

ダイアログが表示されない場合は、以下の**ミーティングを起動**をクリックしてください。

ミーティングを起動

ヒント **定期ミーティングは固定IDが便利**

定期的に開くミーティングは、同じIDで入室できるようにしておくと、都度参加者に招待を送る手間がかかりません。固定IDを作成する方法についてはSec.35で解説しているので、そちらを参照してください。

2 クライアントアプリからミーティングを開始する

1 クライアントアプリのスケジュールの一覧から開始したい
ミーティングを選び、<開始>をクリックします。

2 ミーティングが開始されました。必要に応じてオーディオやビデオを
設定し、<ビデオの開始>をクリックすると顔が表示されます。

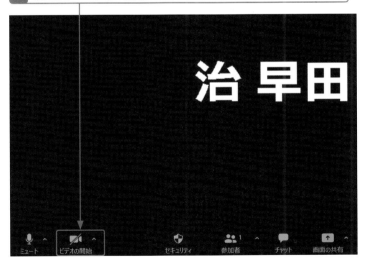

ヒント 映像をオフにする

ビデオなしでミーティングを始めたい場合は、
トップ画面の<新規ミーティング>横にある ✓
をクリックし、<ビデオありで開始>のチェッ
クボックスをクリックしてチェックを外しましょ
う。これで、ビデオなしで会議が始められます。

待機室の参加者の入室を許可しよう

覚えておきたいキーワード
☑ 待機室
☑ 入室

Zoomミーティングには、待機室が用意されています。ホストがミーティングの準備をしている間、参加者は待機室でミーティングの開催を待ちます。その後、入室を許可された参加者のみミーティングに参加できます。ここでは、待機室にいる参加者を確認し、入室を許可する手順を説明します。

Zoom

第**3**章

ミーティングを開こう

1 待機している参加者の入室を許可する

🔑 キーワード 待機室

待機室とは、Zoomミーティングの参加者がいったん待機する場所。ホストがミーティングルームへの入室をコントロールするために用意された機能です。

1 ミーティングコントロールの<参加者>をクリックし、参加者の一覧画面（参加者パネル）を開きます。

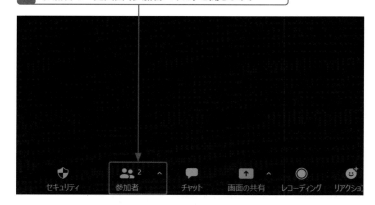

2 <待機室>の下に待機室で待っている参加者の名前が表示されるので、参加許可していいかどうか確認しクリックします。

📓✍ メモ 待機室は必要？

待機室を設定しておくと、ホストの好きなタイミングでミーティングを開催することができます。ホストとスタッフがミーティングの準備をしたい場合は待機室をセットしておきましょう。万が一、ミーティングに招待していないメンバーが参加しようとした場合も、待機室が有効です。その場合、手順**3**の画面で<削除>をクリックするとミーティングへの参加を拒むことができます。詳しくは、Sec.41を参照してください。

3 入室を許可する場合は、名前の上にマウスカーソルを移動させ、その横にある＜許可する＞をクリックします。

 ヒント　入室を許可したくない時は

待機室にいるメンバーのミーティング参加を拒否したい場合、＜許可する＞の隣にある＜削除＞をクリックします。そうすると、その人は二度と同じミーティングに参加できなくなります。間違えて削除をクリックしてしまった場合は、いったんミーティングを終了し、再度別のミーティングを開いて参加してもらいましょう。

4 待機室にいたメンバーがミーティングに参加することができます。

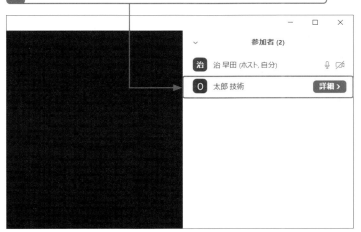

ステップアップ　待機室を使わない時は

待機室を使いたくない場合は、設定で待機室をオフにすることができます。Zoom の Web サイトやZoom クライアントアプリで Zoom ミーティングを予約する際、「Security」の＜待機室＞をオフにすると、参加者は待機室なしで入室することができるようになります。

ミーティングID	● 自動的に生成 ○ ▓▓▓▓▓▓▓▓▓▓▓	
Security	☑ パスコード 🔒 yTHYe1	☑ 待機室
ビデオ	ホスト	○ オン ● オフ
	参加者	○ オン ● オフ

ミーティングを録画しよう

覚えておきたいキーワード
☑ 録画
☑ レコーディング
☑ 一時停止

Zoomミーティングで打ち合わせや会議を行う際、後で内容を確認できるように録画（レコーディング）しておきましょう。Zoomミーティングを録画すると、映像や音声データが保存されます。ここでは、パソコンに録画データを保存する方法を説明します。

1 ミーティングをレコーディングする

📖 メモ 録画データを
クラウドに保存

パソコンのストレージ容量に余裕がない場合、録画データが増えると圧迫されてしまうかもしれません。有料のアカウントにアップグレードすれば、録画データをクラウドに保存できるようになります。

1 ミーティングコントロールの＜レコーディング＞をクリックします。

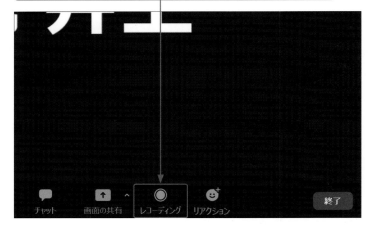

2 画面左上に「レコーディングしています」と表示され、録画が始まります。

 ヒント 録画データを参加者に
共有する

録画したデータを参加者にも共有したい場合は、YouTubeやGoogleフォトなどのクラウドサービスを使うと便利ですが、その場合、部外者に見られないようにする工夫が必要です。たとえばYouTubeの場合は、公開条件を「限定公開」とし、URLを知っている人のみ閲覧できるようにしましょう。

2 レコーディングを一時停止する

1 ミーティングコントロールの＜レコーディングを一時停止＞ボタンをクリックします。

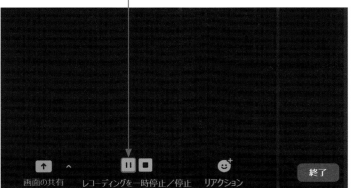

2 録画を再開するには、＜レコーディングを再開＞ボタンをクリックします。

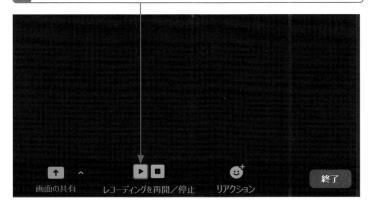

 ヒント 音声データは参加者ごとに保存

複数の参加者がいる場合、誰がどんな発言をしたかわからなくなることがあります。有料のアカウントにアップグレードすると、参加者ごとに別々の録音データを作成することができるようになります。

 ヒント 録画した動画を再生するには

Zoomで録画した動画を見るには、まずパソコンの中の「ドキュメント」フォルダの「Zoom」フォルダを開きます。Zoomミーティングを開いた日時がフォルダ名になっているので、その中から見たいフォルダを開き、「zoom_0.mp4」というファイルをクリックすると、ビデオ再生アプリが起動し、動画が再生されます。

ステップアップ 録画データの保存場所を変更する

録画データは、初期設定のままだと「ドキュメント」の「Zoom」フォルダに保存されます。これを別のフォルダに変えたい場合は、＜設定＞の＜レコーディング＞を開き、録画の保存場所をクリックして変更します。

79

Section 21

参加者
ホスト

画面を共有しよう

覚えておきたいキーワード
- ☑ 画面共有
- ☑ プレゼンテーション
- ☑ サムネイル

ミーティング中にパソコンで作成した資料やウェブサイトを参加者に見せたい時は、「画面共有」機能を使いましょう。画面共有の場合、画面を表示するだけでなく実際の操作も見せることができるので、プレゼンテーションなどで便利に使えます。

1 アプリやサービスの画面を共有する

🔑 キーワード 画面共有

Zoomミーティングの際、「パソコンに保存している資料を見せて」と言われることがあります。その時に使うのが、画面共有機能です。自分が見ている画面をほかの人にも共有するという意味で使われます。

📖✐ メモ 画面共有する前に

通常(「ベーシック」)の画面共有では、あらかじめ共有したい資料(アプリ)を開いて(起動して)おく必要があります。もし開いていなければ、手順**2**の一覧画面に表示されません。忘れずに開いておきましょう。

📖✐ メモ 「詳細」と「ファイル」

画面共有画面の右上に「詳細」「ファイル」というタブがあります。「詳細」は、パソコンで再生した音声をほかの参加者に聞かせたい時や、カメラの映像を参加者に共有したい時に使います。「ファイル」は、DropboxやOneDriveなどのクラウドサービスにあるファイルを共有したい時に使います。

📖✐ メモ 画面共有している状態から新しい画面を共有するには

画面共有している時に別の画面を共有したくなったら、いったん画面共有を止めて元の画面に戻り、改めて新しい画面を共有し直します。

1 ミーティングコントロールの<画面の共有>をクリックします。

2 アプリやデスクトップなどの一覧が表示されるので、共有したいサムネイルをクリックし、

3 <共有>をクリックします。

4 画面が共有されました。この画面で操作すると、参加者はその様子を見ることができます。

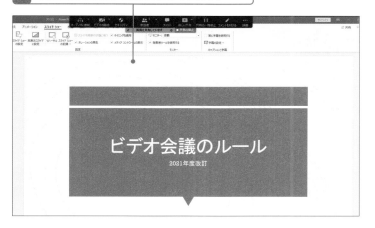

5 共有を停止するには、画面上部にある<共有の停止>をクリックします。

ヒント　トラブルを避けるために

画面共有する上でありがちなトラブルの1つが、違う画面を共有してしまうということ。たとえばウェブサイト画面を共有する際、間違えてGmail画面を開いているタブを共有してしまうと、個人的なメールや仕事のメールをほかの参加者に見られてしまうことになります。共有する前に、指定した画面で間違いないかどうか確認するようにしましょう。

ヒント　画面のみ共有したい場合は

Zoomミーティングで資料を見せる時、自分の顔は映さず、資料だけ表示したい場合は、ホーム画面で「画面の共有」をクリックし、ミーティングに参加します。その場合、共有を中止した時点でミーティングから退出することになります。

ステップアップ　資料と自分を同時に表示させるには

画面共有機能を使うと、必要な資料を見せながら説明することができて便利です。しかし、この方法だとホストの顔が見えなくなる場合もあるため、身振り手振りで説明したい場合にうまくいきません。顔を見せながら説明するには、バーチャル背景が有効です。バーチャル背景を利用するには、<画面の共有>をクリックし、<詳細>をクリックして、<バーチャル背景としてのPowerPoint>をクリックします。

Section 22 ホワイトボードを使って 話をしよう

参加者
ホスト

Zoomミーティングを使って打ち合わせをする際、ホワイトボードに文字や絵を描きながら説明したい、あるいは絵を描きながら話したい場面があります。Zoomのホワイトボード機能を使えば、Zoomミーティングでホワイトボードを使うことが可能です。ここでは、ホワイトボード機能について説明します。

1 ホワイトボードを共有する

🔑 キーワード　ホワイトボード

ホワイトボードとは、会議や打ち合わせの際、文字や絵を描いて説明するのに使うツール。Zoomにはホワイトボード機能があり、これを使えば文字や絵を描きながら説明することができます。システムの概念や仕組みを説明する際にホワイトボードを使うと、参加者が理解しやすくなるかもしれません。

1 Sec.21を参考に<画面の共有>を開き、<ホワイトボード>をクリックし、

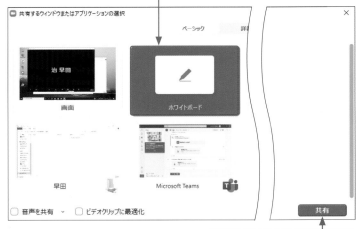

2 <共有>をクリックします。

3 ホワイトボードが起動しました。

📖 メモ　画面共有で動画を流す時は

画面共有で動画を流す際、同時に音声も共有したい場合は、「音声を共有」にチェックを入れます。動画を流すと、ぎこちなく再生されたり途切れたりすることがあります。これを避けるには、「ビデオクリップに最適化」にチェックを入れます。

2 イラストや文字を追加する

1 画面上部のメニューからツールを選び、図やスタンプを追加したり、テキストを追記したりします。

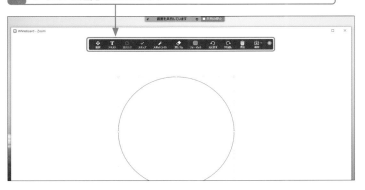

💡 ヒント　**今使っているツールを確認するには**

ツールを使う際、今使っているツールが何かを確認するには、ツールバーの色を見ます。アイコンが青くなっているのが、今使っているツールです。

2 ホワイトボードの使用を終えるには、<共有の停止>をクリックします。

🚶 ステップアップ　**メニューを使いこなす**

画面上部にあるメニューを使うと、さまざまな操作ができるようになります。各メニューの機能は、以下の通り。

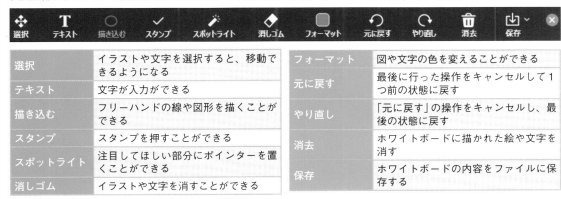

選択	イラストや文字を選択すると、移動できるようになる	フォーマット	図や文字の色を変えることができる
テキスト	文字が入力ができる	元に戻す	最後に行った操作をキャンセルして1つ前の状態に戻す
描き込む	フリーハンドの線や図形を描くことができる	やり直し	「元に戻す」の操作をキャンセルし、最後の状態に戻す
スタンプ	スタンプを押すことができる	消去	ホワイトボードに描かれた絵や文字を消す
スポットライト	注目してほしい部分にポインターを置くことができる	保存	ホワイトボードの内容をファイルに保存する
消しゴム	イラストや文字を消すことができる		

参加者にも画面の共有を許可しよう

覚えておきたいキーワード
☑ 画面共有
☑ ホスト
☑ 参加者

ミーティング中に資料やウェブサイトを参加者に見せたい時は、画面共有機能を使います。Sec.21ではホストが画面を共有する操作を説明しましたが、ホストが許可すれば、参加者も同じ操作ができるようになります。ここでは、参加者に画面共有を許可する方法について説明します。

1 参加者に画面共有を許可する

🔑 キーワード 「複数の参加者が同時に共有可能」とは

手順2の画面に表示されたメニューのうち<複数の参加者が同時に共有可能>を選ぶと、一度に複数のメンバーが画面共有できるようになります。ただしシングルモニターの場合、一番最後に共有された画面のみが表示され、それ以外の画面を見たい場合は、共有画面上の<オプションを表示>をクリックし、<共有画面>で見たいメンバーの名前を選びます。

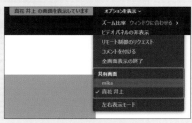

1 ミーティングコントロールの<画面の共有>の右にある∧をクリックします。

2 ポップアップウインドウから<複数の参加者が同時に共有可能>を選び、クリックします。

Zoom

第3章 ミーティングを開こう

84

2 参加者の画面共有を制限する

1 ミーティングコントロールの<画面の共有>の右にある▲をクリックします。

2 ポップアップウインドウから<同時に1名の参加者が共有可能>を選び、クリックします。

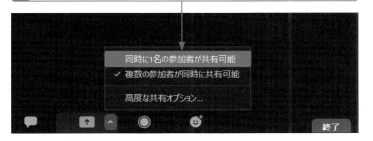

キーワード 「同時に1名の参加者が共有可能」とは

手順2の画面に表示されたメニューのうち、<同時に1名の参加者が共有可能>を選ぶと、共有できる人の人数が1人に限定されます。初期設定では、共有できる人はホストのみになります。

ヒント 共有された画面にコメントを書き込む

共有された画面に、参加者がコメントを書き込むことができます。画面上にある「オプション」をクリックするとコメントを書き込むツールが選択できるので、好きなツールを選んで書き込みます。

ステップアップ 「高度な共有オプション」を使う

参加者が画面共有する場合、P.84の操作で共有できるようになりますが、もう少し細かく設定するのであれば<高度な共有オプション>を使います。共有設定の右にある▲をクリックし、<高度な共有オプション>をクリックして開いた画面で<共有できるのは誰ですか?>で<全参加者>にすれば、誰でも共有できるようになりますが、同時に共有できる画面は1画面のみとなります。同時に2つの画面を共有したい場合は、<複数の参加者が同時に共有可能>をクリックします。

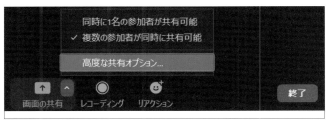

チャットで参加者にメッセージを送ろう

覚えておきたいキーワード
- ☑ チャット
- ☑ チャットボックス
- ☑ 送信先

参加者の中の1人にメッセージを送りたい場合は、チャットを使ってメッセージを送りましょう。送信先を＜全員＞から特定の人に変更すれば、1対1で話ができるようになります。ここでは、チャットを使って個人にメッセージを送る方法について説明します。

1 チャットを使って参加者にメッセージを送る

Zoom

第3章 ミーティングを開こう

キーワード **チャット**

「チャット（Chat）」の意味は「おしゃべり」。オンラインでリアルタイムに会話するためのサービスとして提供されており、代表的なサービスとしてLINEのメッセージやSNSのDM（ダイレクトメッセージ）があります。

メモ **個人にメッセージを送る時のマナー**

Zoomのチャット機能を使えば1対1で話をすることができますが、基本的にはすでに知っている相手にのみ使うようにしてください。Zoomミーティングで初めて会った人に対し、いきなり個人向けメッセージを送るのはマナー違反になります。ただし、ミーティング中に「チャットで教えて」というような会話があり、双方の合意がある状態であれば、個人宛にメッセージを送ってもマナー違反にはなりません。

1 ミーティングコントロールの＜チャット＞をクリックし、チャットボックスを開きます。

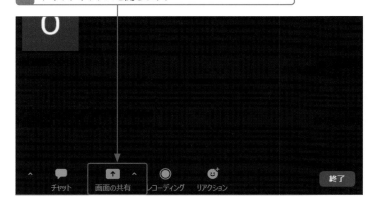

2 チャットボックスが開いたら、「送信先」の隣にある＜全員＞をクリックします。

送信先: 全員 ▼　ファイル
ここにメッセージを入力します。．．．

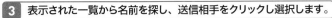

3 表示された一覧から名前を探し、送信相手をクリックし選択します。

送信先: 全員 ∨   📄 ファイル ⋯
ここにメッ
　✓ 全員（ミーティング中）
　　太郎 技術

4 その下のスペースに、送りたい
メッセージの本文を入力します。

5 入力後、Enterキーを押すと、入力した本文が相手に送られます。

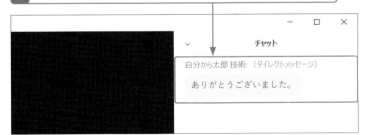

ー　□　×
∨　　　　**チャット**
自分から太郎 技術:（ダイレクトメッセージ）
ありがとうございました。

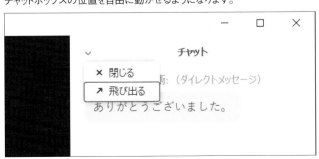

📖✍ **メモ**　**宛先はよく確かめて**

この方法で個人宛に連絡する際、エンター
キーを押してメッセージを送る前に、再度宛
先を確認しておきましょう。そうすれば、間違
えて「全員」に送ってしまったり、別の相手
に送ってしまったりといったトラブルを回避す
ることができます。

🧗 **ステップ**
アップ　**好きな場所にチャットボックスを配置する**

チャットボックスは、通常、ミーティング画面の隣に開きます。チャットボッ
クスをほかの場所に移動したい時は、チャットボックス左上にある∨をクリッ
クし、表示されたメニューの中から＜飛び出る＞をクリックします。すると、
チャットボックスの位置を自由に動かせるようになります。

ー　□　×
∨　　　　**チャット**
✕　閉じる　　前:（ダイレクトメッセージ）
↗　飛び出る
ありがとうございました。

💬 チャット　　　　　ー　□　×
自分から太郎 技術:（ダイレクトメッセージ）
ありがとうございました。

送信先:　太郎… ∨　（ダイレクトメッセ: 📄 ファイル　⋯
ここにメッセージを入力します。。。

Section 25 参加者 ホスト

チャットボックスで
ファイルを送ろう

覚えておきたいキーワード
☑ チャット
☑ ファイル
☑ クラウドサービス

Zoomミーティング中にプレゼン資料などを送付する際、チャットのファイル機能を使います。ファイル機能を使って送付できるファイルは、使用しているパソコンか、DropboxやOneDriveなどクラウドサービス上に保存されている必要があります。ここでは、ファイルを送る方法について説明します。

1 チャット画面でファイルを送る

🔑 キーワード　クラウドサービス

クラウドとは、インターネット上に用意されたデータを置く倉庫のようなもの。クラウドサービスは、ユーザーがその倉庫にファイルを保存したり、必要に応じてダウンロードしたりするために提供されているサービスです。代表的なものに、DropboxやOneDrive、Google Driveなどがあります。

1 Sec.24の手順**1**に従ってチャットボックスを開き、
<ファイル>をクリックします。

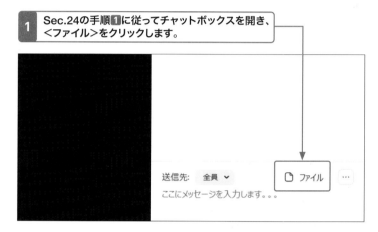

2 リストが開いたら、ファイルがある場所を指定します。ここでは、パソコンにあるファイルを送るので<コンピュータ>をクリックします。

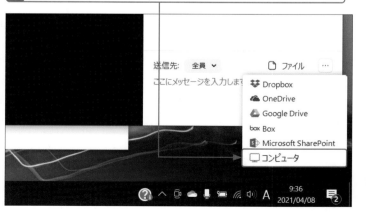

Zoom 第3章 ミーティングを開こう

3 送付したいファイルの
保存場所を開き、

4 送りたいファイルを
選びクリックして、

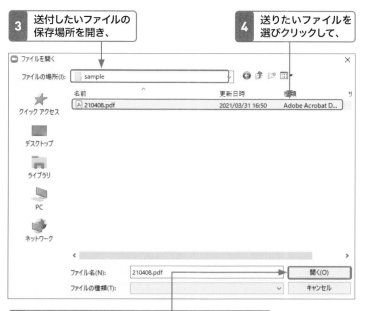

5 <開く>をクリックすると、ファイルが送信されます。

6 送信されたファイルが、チャット画面に表示されます。

**ヒント　特定の相手だけに
ファイルを送るには**

ここでは参加者全員にファイルを送る方法を
説明しましたが、特定の相手だけにファイル
を送りたい場合、Sec.24の手順 **2**～**3**と
同じ操作で送りたい相手を指定し、その後
は左ページの手順 **1** 以降の操作をします。

ステップアップ　受けとったファイルをダウンロードするには

チャットを使って送付されたファイルをダウンロードするには、
チャット画面の中に表示されているファイルアイコンの下の
<クリックでダウンロード>をクリックします。ダウンロードが
終わったら、クリックするとファイルが保存されているフォル
ダーが開きます。

ミーティングを終了しよう

覚えておきたいキーワード
- ☑ 退出
- ☑ 終了
- ☑ ホスト

Zoomミーティングが終わったら、ホストはミーティングを終了します。ホストがミーティングを終了すると、自動的に参加者は全員退出となります。なお、参加者が終了前に退出する方法はSec.15で説明していますので、そちらを参照してください。

1 ミーティングを終了する

メモ 自分だけ退出したい場合

ホストはミーティングを退出したいけど、他のメンバーはミーティングを続けたいという場合は、2の画面で<ミーティングを退出>をクリックします。すると、ホストを別の参加者に割り当てる画面が表示されるので、その中から次のホストを選び、指定します。

1 ミーティングコントロールの<終了>をクリックします。

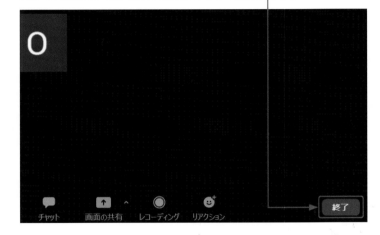

2 <全員に対してミーティングを終了>をクリックすると、ウィンドウが閉じ、ミーティングが終わります。

Chapter 04

第4章

もっとZoomを使いこなそう

パーソナルミーティングID でミーティングを開こう

Zoomにはユーザーごとに割り当てられている「パーソナルミーティングID」（個人ミーティングID：PMI）という番号があります。「パーソナルミーティングID」を使えば、招待URLやミーティングIDを使わず、いつも同じIDですぐにミーティングを実施できます。テレビ電話のようにZoomを利用可能です。

1 PMIでミーティングに参加する

🔑 **キーワード　パーソナルミーティングID**

「パーソナルミーティングID」とは、Zoomユーザーごとに割り当てられている個別の番号のこと。このパーソナルミーティングIDを指定することで、特定の相手とコミュニケーションできます。無償プランではパーソナルミーティングIDを変更できませんが、有償プランであれば変更できます。

「スタートボタン」から「Zoom」アプリを起動します。

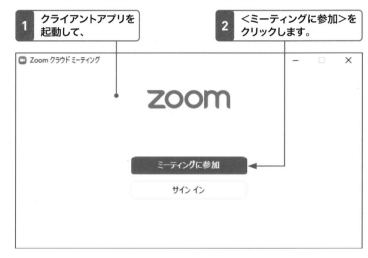

1 クライアントアプリを起動して、

2 ＜ミーティングに参加＞をクリックします。

3 相手の＜パーソナルミーティングID＞を入力し、

📝 **メモ　名前を記憶する**

＜将来のミーティングのためにこの名前を記憶する＞のチェックを入れておくと、次回Zoomのミーティングに参加した時も、登録した名前が自動的に入力されます。

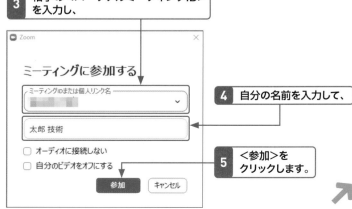

4 自分の名前を入力して、

5 ＜参加＞をクリックします。

6 <パスコード>を入力します。

7 <ミーティングに参加する>をクリックします。

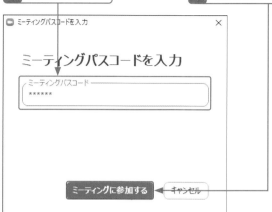

8 パーソナルミーティングルームの待機室に入ることができました。

ミーティングのホストは間もなくミーティングへの参加を許可します、もうしばらくお待ちください。

治 早田のパーソナルミーティングルーム

9 しばらく待っていると、ミーティングが開始されます。

 主催者にはメールが届く

参加者がミーティングIDを使ってミーティングに参加すると、ホストには「参加者がいる」という通知がメールで届きます。そのメールに記載されているリンクをクリックすると、ミーティングが始まります。

映像を表示させるには

手順9では、ビデオがオフになっています。この状態でも会議に参加できますが（音声のみ）、<ビデオを開始>をクリックすると映像が表示されます。

 パスコードを設定する

パーソナルミーティングIDのパスコードを設定／変更することができます。Zoomのホーム画面から「新規ミーティング」アイコンの右にある∨をクリックし、<個人ミーティング番号>をクリック。<PMI設定>をクリックし「個人ミーティングID設定」画面を表示します。そこで<パスコード>のチェックを入れ、変更したいパスコードを入力し<保存>をクリックします。

Section 28

プロフィールを
編集しよう

覚えておきたいキーワード
☑ プロフィール
☑ サインイン
☑ ユーザー情報

Zoomのプロフィールには、名前や電子メールアドレスなどのユーザー情報を登録することができます。企業やグループでZoomを使っている場合、名前や部署、役職などを他のメンバーに表示しておくと便利です。ここでは、プロフィールを編集する方法を説明します。

1 Zoomのサイトでプロフィールを編集する

📖✏ メモ　**クライアントアプリから
プロフィールを開く**

クライアントアプリのホーム画面の右上にあるプロフィールアイコンをクリックし、<自分の画像を変更>または<自分のプロフィール>をクリックすると、クライアントアプリからZoomサイトのプロフィール画面を開くことができます。

Zoom

第4章

もっとZoomを使いこなそう

1 ブラウザでZoomのサイト（https://zoom.us）にアクセスします。

2 サインインをクリックします。

3 メールアドレスとパスワードを入力し、

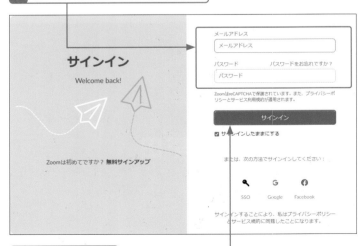

4 <サインイン>をクリックします。

5 <プロフィール>をクリックします。

6 プロフィール画面が開きます。

7 名前の横にある<編集>をクリックします。

8 名前や会社名などを入力し、

9 <変更を保存>をクリックします。

写真も追加できる

Zoomは、プロフィールに写真やイラストを追加できます。顔写真や似顔絵などをプロフィール画像として登録するといいでしょう。

95

29 アカウントを 切り替えよう

参加者
ホスト

覚えておきたいキーワード
☑ アカウント
☑ サインイン
☑ サインアウト

Zoom では複数のアカウントがある場合、それらを切り替えることができます。個人用／仕事用のように複数のアカウントを登録しておくことで用途に合わせて Zoom を使用できます。なお、アカウントを切り替える際には、Sec.02 を参考にあらかじめアカウントを登録しておきましょう。

1 アカウントを切り替える

🔑 キーワード **アカウント**

アカウントとは、Zoomをはじめとしたシステムやサービスにサインインするための権利のことです（Sec.02を参照）。

Zoom

第 4 章

もっとZoomを使いこなそう

1 クライアントアプリを起動します。

2 プロフィールアイコンをクリックし、

3 <アカウントの切り替え>をクリックします。

💡 ヒント **SNS アカウントでもサインインできる**

Google や Facebook のアカウントがある場合、P.97の手順4でそれらを使って Zoom にサインインすることもできます。

4 <メールアドレス>と
<パスワード>を入力し、

5 <サインイン>を
クリックします。

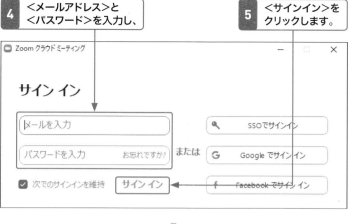

「SSOでサインイン」
について

学校や会社などでZoomを使っている場合、学校や会社の認証情報を使ってZoomにサインインすることもできます。設定や使い方などは、学校や会社の情報システム部門に問い合わせてください。

6 ユーザーが切り替わりました。

ステップ
アップ
うまく切り替わらない時は<サインアウト>してみよう

この手順でうまくアカウントが切り替わらない場合があります。もしSNSアカウントを使っている場合、切り替えたいアカウントであらかじめSNSにサインインしておくことで、切り替えられる場合があります。

それでも切り替わらない場合、手順 **3** の画面で<サインアウト>をクリックし、Zoomからサインアウトした後、再度Zoomのクライアントアプリからサインインすると、そのアカウントでサインインできます。

Section 30 連絡先を追加しよう

参加者 ホスト

覚えておきたいキーワード
- ☑ 連絡先
- ☑ Zoom アカウント
- ☑ チャット

Zoomでは、Zoomアカウントを取得しているユーザーを管理できる「連絡先」機能があります。連絡先に登録しておけば、すぐにミーティングを開始できたり、チャットを使って画像やファイルを共有したりできるようになります。よくやりとりするユーザーは連絡先に追加しておくといいでしょう。

1 連絡先の追加を依頼する

🔑 **キーワード　連絡先**

連絡先があれば、その連絡先の相手に対してすぐにインスタントミーティングを開始することができます。会社で使う場合、プロジェクトメンバーなどを追加しておくと便利です。

1 クライアントアプリを起動します。

2 ＜連絡先＞をクリックし、

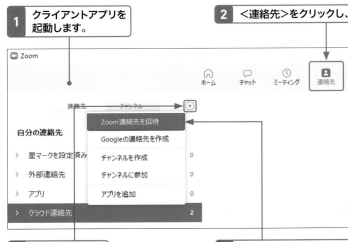

3 ＋をクリックし、

4 ＜Zoom連絡先を招待＞をクリックします。

5 Zoomのアカウントで使用されているメールアドレスを入力し、

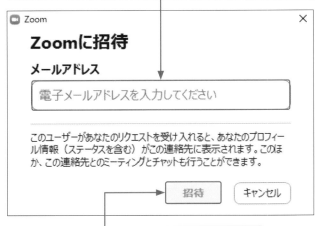

Zoomに招待

メールアドレス

電子メールアドレスを入力してください

このユーザーがあなたのリクエストを受け入れると、あなたのプロフィール情報（ステータスを含む）がこの連絡先に表示されます。このほか、この連絡先とのミーティングとチャットも行うことができます。

招待　　キャンセル

6 ＜招待＞をクリックし、連絡先の追加を依頼します。

💡 **ヒント　ビジネスチャットとしてZoomを使う**

Zoomの＜チャット＞機能を使えば、コミュニケーションやファイルの共有が可能になります。リモートワークを実施している企業のビジネスチャットツールとして使ってもいいでしょう。

Zoom
第4章 もっとZoomを使いこなそう

7 連絡先のリクエストが送られます。
宛先などを確認したら＜OK＞をクリックします。

ヒント 連絡先のリクエストを承認する

連絡先の追加をリクエストしたユーザーの＜チャット＞画面に「連絡先リクエスト」がある旨、表示されます。ユーザーが連絡先リクエストを「承認」することで、連絡先に追加されます。

8 ＜チャット＞をクリックし、

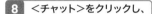

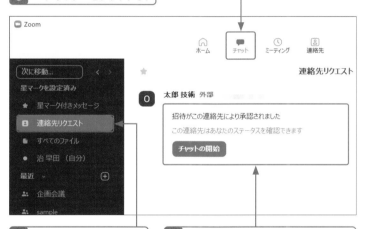

9 ＜連絡先リクエスト＞をクリックします。

10 承認されると、このように表示されます。これで、連絡先に追加できました。

ヒント 連絡先の追加を承認しないと…

連絡先の追加を承認しないと、相手の連絡先に追加されません。知らない人からの追加のリクエストは承認しないようにしましょう。

Zoom

第 **4** 章 もっとZoomを使いこなそう

ステップアップ 連絡先を削除する

連絡先はZoomのホーム画面から＜連絡先＞をクリックすると表示されます。連絡先に追加されたユーザーには、チャットで連絡したり、すぐにミーティングを開催したりできます。連絡先から削除する場合、削除したいユーザーを選び、…をクリックしサブメニューを表示。サブメニューから＜連絡先の削除＞をクリックします。

Section 31

参加者 **ホスト**

バーチャル背景を 設定しよう

覚えておきたいキーワード
- ☑ バーチャル背景
- ☑ 静止画
- ☑ グリーンスクリーン

Zoomでは、背景として写り込んでしまう部屋の様子などを見せたくない場合、映像や静止画を仮想的な背景として設定できます。この機能は、「バーチャル背景」や「仮想背景」と呼ばれます。スペックが低いパソコンでは、バーチャル背景を使うためにグリーンスクリーンが必要になる場合があります。

1 背景を変更する

🔑 **キーワード バーチャル背景とは**

任意の静止画や動画を背景として設定できます。バーチャル背景を使うには高速なパソコンが必要になる場合があります。

🔑 **キーワード グリーンスクリーンとは**

グリーンスクリーンとは、緑色の背景のこと。背景と被写体をきれいに合成する時に使います。

🔑 **キーワード マイビデオミラーリング**

Zoomに表示される自分自身の映像を鏡像表示に切り替えること。マイビデオミラーリングがオンでも、他の参加者には正像で表示されます。

Zoom
第 **4** 章
もっとZoomを使いこなそう

1 Zoomのクライアントアプリを起動して、　**2** ⚙をクリックします。

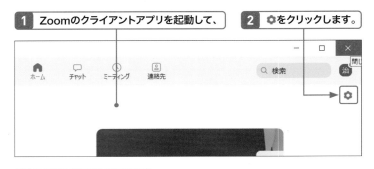

3 <背景とフィルター>をクリックし、

4 バーチャル背景を選択します。

2 背景を追加する

1 手順**3**の画面を開き、＋をクリックします。

↓

2 ＜画像を追加＞または＜動画を追加＞をクリックします。

↓

3 背景にする画像を選び、

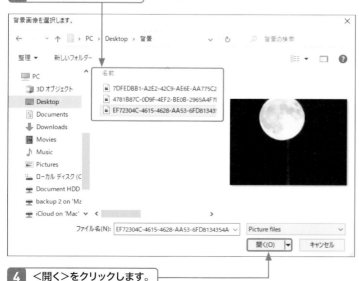

4 ＜開く＞をクリックします。

参加者の一人を
大きく表示しよう

覚えておきたいキーワード
- ☑ スピーカービュー
- ☑ スポットライトビデオ
- ☑ ギャラリービュー

Zoomミーティングの初期設定では、話しているメンバーが画面に大きく映されるスピーカービューが有効になっています。3人以上が参加しているミーティング中に誰かに注目してほしい場合にはスポットライトビデオを使い、任意の人物を大きく映すといいでしょう。

1 スポットライトビデオを有効にする

ヒント ビューを切り替える

スポットライトビデオが有効な場合でも、参加者が「ギャラリービュー」や「スピーカービュー」に切り替えることができます。好きな表示方法でミーティングに参加しましょう。

メモ スポットライトビデオは3人以上の参加者が必須

スポットライトビデオは3人以上の参加者がいるミーティングやウェビナーで有効な機能です。2人のミーティングでは、使用することができません。

メモ 参加者は画像を「固定」できる

参加者はスポットライトビデオを指定できませんが、任意の参加者の画像をメインの画像として「固定」し、表示できます。登壇者の表情を見たい時などに便利な機能です。ホスト側でスポットライトビデオが指定されていても参加者は任意の参加者の画像を指定できます。

1 Zoomでミーティングを開催します。

2 大きく映したい参加者枠右上の⋯をクリックし、

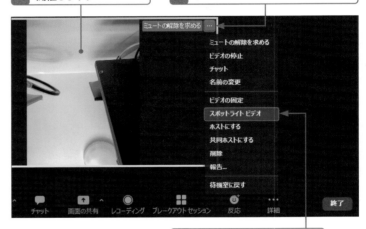

3 <スポットライトビデオ>をクリックします。

4 すべての参加者画面に、スポットライトビデオとして選択した参加者が大きく映ります。

Chapter 05

第5章

ミーティングを円滑に進めよう

インスタントミーティングを開こう

覚えておきたいキーワード
☑ インスタントミーティング
☑ スケジュール
☑ ミーティング ID

Zoomには、いますぐミーティングを開始できる「インスタントミーティング」機能があります。急にミーティングを開催しなければならない時は、このインスタントミーティングを使いましょう。ここでは、今すぐミーティングを開始する方法を紹介します。

1 インスタントミーティングを開始する

🔑 キーワード **インスタントミーティング**

Zoomでは、「いますぐ会う」ことをインスタントミーティングといいます。迅速に情報を共有したい時は、インスタントミーティングを活用するといいでしょう。

💡 ヒント **<チャット>画面から開催する**

<チャット>画面の「チャンネル」メンバーとインスタントミーティングを開催することもできます。チャットではコミュニケーションが難しい場合に、インスタントミーティングを開催するといいでしょう。

💡 ヒント **Web画面から開始する**

Zoomのサイトにサインインし、<ミーティングを開催する>をクリックするとインスタントミーティングを開始できます。

1 Zoomのクライアントアプリを起動します。

2 <新規ミーティング>をクリックします。

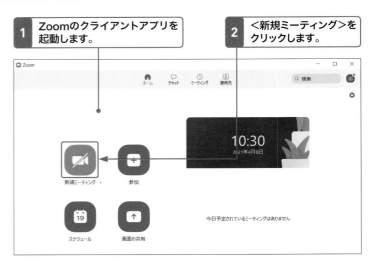

3 Zoomミーティングが始まります。

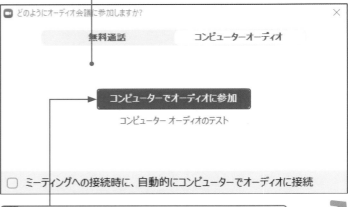

4 <コンピューターでオーディオに参加>をクリックします。

5 ミーティングコントロールの<参加者>をクリックします。

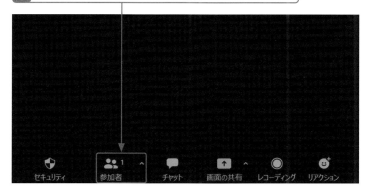

6 参加者ウィンドウが開きます。　　　　**7** <招待>をクリックします。

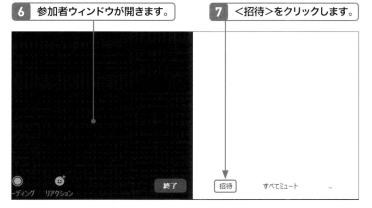

8 <招待リンクをコピー>または<招待のコピー>をクリックして情報をコピーし、メールなどに貼り付けて送信します。

メモ　<情報アイコン>からリンクを取得する

インスタントミーティングに参加者を招待する場合、ミーティング画面の左上にあるをクリックすると便利です。この画面で<リンクをコピーする>を選ぶと、招待用のURLがクリップボードにコピーされます。

メモ　「予約されたミーティング」との違い

インスタントミーティングは、すぐミーティングを行いたい場合に使います。ミーティングが終了すると、そのミーティングIDは使えなくなります。予約されたミーティングは、特定の日時にミーティング予約を行い、その日時になったらミーティングを開始します。ミーティングIDは会議を予約／開始してから30日後に使えなくなるという違いがあります。インスタントミーティング開始時にPMI（Sec.27）を使用することもできます。

34

参加者
ホスト

「ブラウザから参加する」
リンクを表示しよう

覚えておきたいキーワード
☑ Zoom のサイト
☑ ブラウザから参加
☑ リンク

参加者はクライアントアプリをインストールしていなくても、ブラウザがあれ
ば Zoom ミーティングに参加できます。ここでは、参加者がメールで URL を
受け取り、その URL をクリックした時に出るメッセージに、「ブラウザから参
加する」というリンクが表示されるようになる設定について説明します。

1 Zoomのサイトで設定を変更する

メモ Zoomのサイトでは
詳細な設定ができる

Zoomのクライアントアプリである程度の設
定ができますが、Zoomのサイトでは、より
詳細な設定ができるようになっています。

| 1 | ブラウザでZoomの
サイトにアクセスします。 |
| 2 | <サインイン>をクリックし、Sec.02
を参考にサインインします。 |

| 3 | <設定>をクリックします。 |

ヒント <マイアカウント>と
表示されたら

手順2で、画面右上に<サインイン>ではな
く、<マイアカウント>と表示されることがあり
ます。これは、すでにサインインしているため
です。その場合、改めてサインインし直す必
要はありません。

Zoom

第
5
章

ミーティングを円滑に進めよう

4 設定画面が開くので下にスクロールします。

5 <「ブラウザから参加する」リンクを表示します>を
クリックしオンにします。

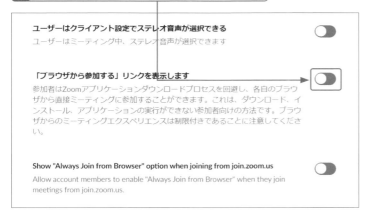

参加者が招待リンクをクリックした時に表示されるメッセージに「ブラウザ
から参加してください」のリンクが表示されるようになります。

🔑 キーワード　ブラウザ

Webサイトを閲覧するアプリケーションのこと
をブラウザといいます。Microsoft Edgeの
ほか、Chrome、FirefoxなどのブラウザもZoomではサポートされています。

📖✍ メモ　設定がオフでもブラウザ
から参加できる

本セクションで設定をしなくても、参加者はブ
ラウザからミーティングに参加できます。しか
し、手順がわかりにくいので、できるだけリン
クを表示するよう設定しておきましょう。

107

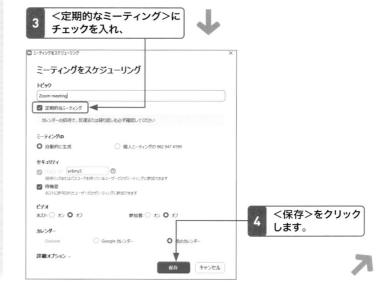

Section

35

参加者
ホスト

毎回同じURLで
ミーティングを開こう

覚えておきたいキーワード
- ☑ URL
- ☑ 定期的なミーティング
- ☑ スケジュール

Zoomミーティングで、ミーティングの予約をすると、毎回URLやパスコードが変わります。定期的なミーティングなどの場合、毎回同じURLやパスコードを使えると便利です。ここでは、個人ミーティングIDを使わずにURLやパスワードを固定する方法を紹介します。

1 スケジュールを予約する

 **ヒント** **個人ミーティングIDを割り当てる**

ミーティングIDは、初期設定では「自動生成」されますが、スケジュールの設定画面で指定することで個人ミーティングIDを割り当てることもできます。

1 Zoomのクライアントアプリを起動します。

2 <スケジュール>をクリックします。

10:48
2021年4月8日

新規ミーティング

参加

19 スケジュール

画面の共有

今日予定されているミーティングはありません

3 <定期的なミーティング>にチェックを入れ、

メモ **定期的なミーティングの管理**

定期的なミーティングは、ミーティングを開催する「日時」を設定できません。そのため、開催スケジュールなどの管理は、別途カレンダーアプリなどを使って行います。

ミーティングをスケジューリング

ミーティングをスケジューリング

トピック

Zoom meeting

☑ 定期的なミーティング

カレンダーへの招待で、反復または繰り返しを必ず確認してください

ミーティングID
- ⦿ 自動的に生成
- ○ 個人ミーティングID 962 947 4199

セキュリティ
- ☑ パスコード er8my5 ⓘ
  招待リンクまたはパスコードを持っているユーザーだけがミーティングに参加できます
- ☑ 待機室
  ホストに許可されたユーザーだけがミーティングに参加できます

ビデオ
- ホスト: ○ オン ⦿ オフ
- 参加者: ○ オン ⦿ オフ

カレンダー
- ○ Outlook
- ○ Google カレンダー
- ⦿ 他のカレンダー

詳細オプション

保存 キャンセル

4 <保存>をクリックします。

5 URLなどの情報が表示されます。必要に応じてカレンダーアプリに登録したり、参加者に通知します。

定期的なスケジュールはZoomのウェブサイトにアクセスし＜ミーティング＞をクリックすることで確認できます。

Zoom - ミーティングをスケジューリング　　　×

定期的なミーティングがスケジュールされました。

招待をクリップボードにコピーするには、下のボタンをクリックしてください。

治 早田さんがあなたを予約されたZoomミーティングに招待しています。

トピック: Zoom meeting
時間: こちらは定期的ミーティングです いつでも

Zoomミーティングに参加する
https://us05web.zoom.us/j/85824636120?
pwd=b01mcmZtcU8zaXhKTm45eitOdWtpZz09

ミーティングID: 　　　　　　　
パスコード: 　　　　　

デフォルトカレンダー（.ics）で開く　　　**クリップボードにコピー**

6 ミーティングの開催日にかかわらず、開始から365日間はURLやミーティングIDなどは変わりません。

↓

追加したスケジュールはZoomのサイトからも確認できます。

ステップアップ　インスタントミーティングでいつも同じ招待URLにする

インスタントミーティングで、いつも同じURLでアクセスできるようにするには、Zoomのサイトから設定します。
Zoomのサイトにサインインし＜マイアカウント＞→＜プロフィール＞→パーソナルミーティングIDの＜編集＞→＜即時ミーティングにパーソナルミーティングIDを使用する＞にチェックを入れます。

Section 36 参加者 ホスト

チャンネルを作成してミーティングを管理しよう

覚えておきたいキーワード
- ☑ チャンネル
- ☑ プライベートチャンネル
- ☑ グループチャット

Zoomでチャンネルを使うと、グループでのチャットやファイルのやりとりが簡単に行えるようになります。リモートワークでZoomを使っている企業ユーザーなら、ビジネスチャット代わりに使うこともできます。無料アカウントでは最大500人のメンバーをプライベートチャンネルに含めることができます。

1 チャンネルを作成する

🔑 **キーワード** チャンネル

チャンネルとは、決まったメンバーで作るグループのこと。チャンネルがあれば、Zoomクライアントアプリの<チャット>を使ってグループチャットやファイルの共有ができるようになります。

1 Zoomのクライアントアプリを起動します。 **2** <連絡先>をクリックします。

3 「連絡先」が開きます。

4 <チャンネル>をクリックします。

Zoom

第5章

ミーティングを円滑に進めよう

| 5 | 参加しているチャンネルの一覧が開きます。 |

| 6 | ＋をクリックし、 |

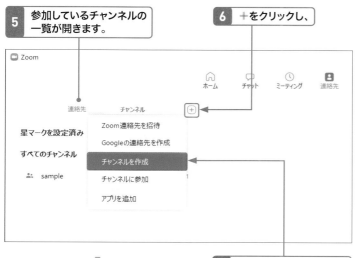

| 7 | <チャンネルを作成>をクリックします。 |

| 8 | 必要事項を入力し、 |

| 9 | <チャンネルを作成>をクリックします。 |

| 10 | <チャット>画面が開き、チャンネルが追加されているのを確認します。 |

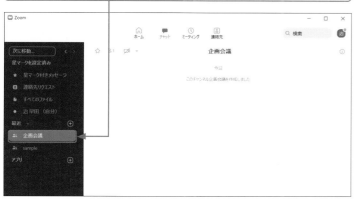

メモ　チャンネルに招待する

チャンネルを作成したら、チャンネルに参加してほしいメンバーを招待しましょう。手順⑩の画面で◎を右クリックし、<メンバーを追加>から招待できます。

ヒント　重要なチャンネルにはスターをつける

チャンネルが増えてくると、管理が難しくなってきます。重要なチャンネルには星マークを設定しておきましょう。

Zoom

第
5
章

ミーティングを円滑に進めよう

メモ　チャンネルからミーティングを開始する

チャンネルからミーティングを開始するには、チャンネル名を右クリックし、<ビデオありでミーティング>または<ビデオなしでミーティング>をクリックします。すると、チャンネルのメンバーには招待が送られ、ミーティングへの参加を促します。スマホアプリを入れている場合、電話のように通知がコールされるので見逃しにくくなり便利です。

Section

37

参加者
ホスト

参加者のビデオや音声の
オン・オフを設定しよう

覚えておきたいキーワード
☑ 参加者ビデオ
☑ エントリ
☑ ミュート

ホストは、参加者がミーティングに参加する際のビデオや音声の初期設定を変更できます。使い勝手やセキュリティなどを考慮し、それぞれの項目のオン／オフを設定しましょう。最適な設定が分からない場合、ビデオや音声は＜オフ＞に設定すると、セキュリティを高めることができます。

1 ビデオのオン／オフを設定する

💡 ヒント | 予約時にビデオを設定する

ホストは、ミーティングを予約する際にも、参加者のビデオや音声の初期設定を指定できます。勉強会やセミナーなどを開催する際は、参加者のビデオや音声をオフにしておくといいでしょう。

1 Sec.34を参考にZoomのサイトにサインインし、

2 ＜設定＞をクリックします。

3 画面をスクロールし、

4 ＜参加者ビデオ＞の項目のオン／オフを設定します。

Zoom

第
5
章

ミーティングを円滑に進めよう

112

2 音声のオン・オフを設定する

1 P.112手順**1**と同様にZoomのサイトにサインインし、

2 <設定>をクリックします。

3 画面をスクロールし、

4 <どの参加者についてもミーティングに参加する時に
ミュートに設定する>の項目のオン／オフを設定します。

📖✍ メモ **参加者の音声を
ミュートする**

ミーティングが開始していることに参加者が
気がつかず、音声が他のミーティング参加
者に聞かれてしまうことがあります。こういっ
た事故を防ぐため、初期設定では参加者の
音声をミュートにしておく（<参加者をエントリ
後にミュートする>をオンにしておく）といいで
しょう。

🏃 ステップ
アップ　**ミーティング画面からミュートを制御する**

ホストは、ミーティングを開
催している時に参加者の
音声を「ミュート」にしたり、
「ミュートの解除」を要求し
たりできます。

113

Section 38 参加者 ホスト

チャット機能を制限しよう

覚えておきたいキーワード
- ☑ チャット
- ☑ パブリック
- ☑ 送信先

テキストで情報をやりとりできる「チャット」は便利な機能ですが、ミーティングでチャット機能が必要ない場合にはチャットの悪用防止や荒し対策としてチャットの使用を制限しておきましょう。ここではチャット機能を制限する方法を紹介します。

1 アプリでチャットを制限する

 メモ チャットが制限されている場合

チャットの使用が制限されている場合、チャットを使うことができません。チャットを使いたい場合、ホストに許可してもらう必要があります。

1 Zoomミーティングを開始します。

2 ミーティングコントロールの<チャット>をクリックし、チャットボックス表示します。

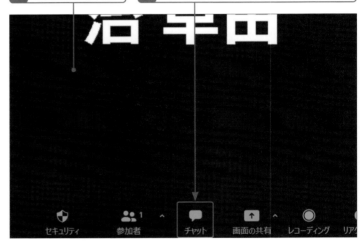

3 …をクリックし、

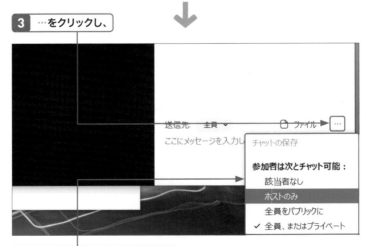

4 制限したい内容を選択します。

 メモ チャットを使用しない場合

チャットを使用しない場合には、手順**3**の画面で、<該当者なし>に設定します。ホストのみとチャットを許可する場合には<ホストのみ>に設定します。

2 すべてのミーティングでチャットを制限する

1 Sec.34を参考にZoomのサイトにサインインし、

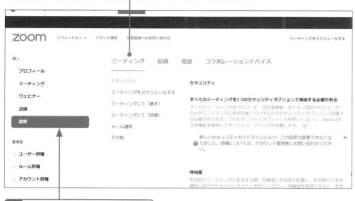

2 <設定>をクリックします。

3 「チャット」の項目を探し、オンになっていたらオフにします。

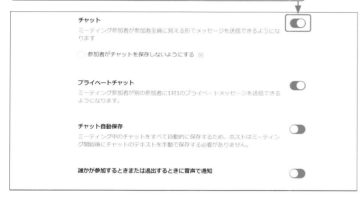

4 <無効にする>をクリックします。

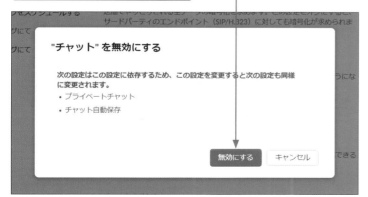

 ヒント チャットを保存させない設定

チャットを参加者に保存してほしくない場合には、Zoomのサイトにアクセスし<参加者がチャットを保存しないようにする>をオンにします。情報漏えいのリスクを低減したい場合、この設定をオンにしておくと安心です。

Zoom

第
5
章

ミーティングを円滑に進めよう

 キーワード プライベートチャット

プライベートチャットとは、ミーティング参加者同士が1対1のプライベートメッセージをやりとりできる機能です。

Section

39

参加者
ホスト

ミーティング中のファイル送信機能を制限しよう

覚えておきたいキーワード
- ☑ チャット
- ☑ ファイル送信
- ☑ 拡張子

Zoomミーティングでは、チャット機能を使ってファイルを送受信できます。情報共有する際にはとても便利な機能なのですが、ファイルを送受信することで情報漏えいやセキュリティのリスクも高まるので、不要な場合にはファイルの送信機能を制限しておきましょう。

1 Zoomのサイトで設定する

ヒント

ファイル閲覧には画面共有を使う

ファイル自体を参加者に渡さず、情報を伝える場合には、「画面共有」機能を使い、画面越しに情報を共有するといいでしょう。

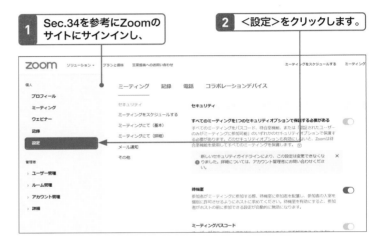

1 Sec.34を参考にZoomのサイトにサインインし、

2 <設定>をクリックします。

3 「ファイル送信」の項目を探します。

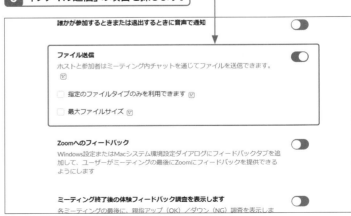

メモ

ローカルのファイルの送信のみ制限される場合も……

Zoomのバージョンによっては、パソコン本体に保存しているファイルは制限できますが、オンラインストレージのファイルは制限できない場合があります。オンラインストレージの使用を制限したい場合には、Sec.38を参考に、チャットの使用を制限してください。

Zoom

第5章

ミーティングを円滑に進めよう

4 オンになっていたらオフにします。

誰かが参加するときまたは退出するときに音声で通知

ファイル送信
ホストと参加者はミーティング内チャットを通じてファイルを送信できます。

Zoomへのフィードバック
Windows設定またはMacシステム環境設定ダイアログにフィードバックタブを追加して、ユーザーがミーティングの最後にZoomにフィードバックを提供できるようにします

ミーティング終了後の体験フィードバック調査を表示します
各ミーティングの最後に、親指アップ（OK）／ダウン（NG）調査を表示します。参加者が親指ダウンの回答をした場合、その参加者は悪かった点に関する追加情報を提供できます。

5 Zoomのミーティングに参加し、ミーティングコントロールの＜チャット＞をクリックすると、＜ファイル＞が選択できなくなっているのが確認できます。

送信先：　全員 ∨
ここにメッセージを入力します。。。

ーディング　リアクション　　　　　　　終了

メモ　セキュリティに注意

ファイルの送受信を許可する場合、セキュリティ対策にも気をつける必要があります。知らない人から送られてきたファイルは開かない、ダウンロードしたファイルはウィルスチェックするなど、基本的な対策をきちんと行うようにしましょう。

キーワード　拡張子

パソコンでファイルの種類を指定するためにファイル名の末尾につけられている3文字程度の文字列のこと。PDFファイルは「.pdf」、ワードファイルは「.doc」などとなっています。

Zoom
第5章
ミーティングを円滑に進めよう

ステップアップ　特定のファイル形式だけ送信可能にすることもできる

資料をファイルとして送信したい場合、特定のファイル形式に絞ってファイルを共有することもできます。なお、ファイルの種類は「拡張子」で指定します。また、Maximum file sizeを設定することで、指定したサイズ以上のファイルを送信できないようにすることもできます。

ファイル送信
ホストと参加者はミーティング内チャットを通じてファイルを送信できます。

☑ 指定のファイルタイプのみを利用できます

txt

☐ 最大ファイルサイズ

保存　キャンセル

Zoomへのフィードバック
Windows設定またはMacシステム環境設定ダイアログにフィードバックタブを追加して、ユーザーがミーティングの最後にZoomにフィードバックを提供できるようにします

ミーティングをロックして参加者を制限しよう

Zoom ミーティングでは、ミーティング ID やパスワードが分かれば誰でもミーティングに参加できます。そのため荒らし行為なども起きています。こういった荒らし行為を防ぐために、すべての参加者が参加したらミーティングをロックしましょう。

1 ミーティングをロックする

 ヒント 参加者の制限は「パスワード」が有効

参加者を制限する場合、Zoomミーティングにパスワードを設定しましょう。ミーティングをスケジュールする際に、パスワードを設定可能です。

🔑 **キーワード** ロック

ロックとは、「カギを掛ける」こと。Zoomのミーティングをロックすると、ミーティングIDやパスワードを知っている参加者であっても、そのミーティングに参加できなくなります。ミーティングコントロールの<セキュリティ>からもロックすることができます。

1 Sec.18を参考に、Zoomのミーティングを開始します。

2 ミーティングコントロールの<参加者>をクリックします。

3 参加者パネルが開きます。

4 …をクリックします。

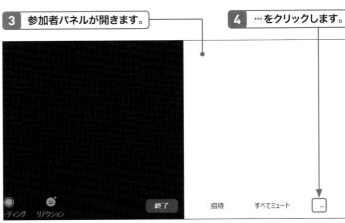

5 <ミーティングのロック>をクリックします。

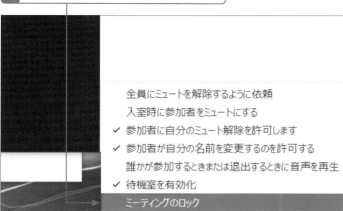

メモ **ロックの状態はタイトルバーで確認可能**

ミーティングがロックされているか確認するにはタイトルバーをチェックすると便利です。「ロック済み」と表示されていれば、ミーティングはロックされています。

6 ミーティングがロックされます。

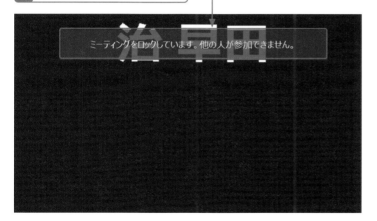

ステップアップ **有料プランなら事前登録したユーザーだけが参加可能に**

Zoomでは、事前登録したユーザーだけがミーティングに参加できるようにも設定できます。有料プランの機能ですが、セキュリティを考えると非常に有効な機能です。

Section

41

参加者
ホスト

参加者を退出させよう

覚えておきたいキーワード
☑ 待機室
☑ 削除
☑ 参加者

ミーティングの邪魔をしたり、参加資格がないのにミーティングに参加している参加者はミーティングから退出させることができます。トラブルを起こしている参加者の場合には、一旦「待機室」に戻して、トラブルの解消に努めるといいでしょう。

1 参加者を待機室に強制移動させる

🔑 **キーワード** 待機室

ミーティングを開始する前に一時的に待機する場所です。ミーティング中でも参加者を「待機室」に戻すことができます。待機室にいるメンバーは、ホストが参加を許可すればミーティングに参加できます。

1 Sec.18を参考にミーティングを開始し、ミーティング画面を開きます。

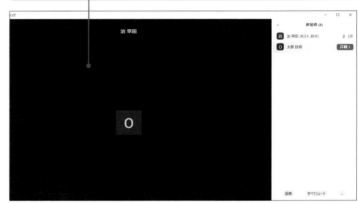

2 ミーティングコントロールの<参加者>をクリックします。

3 参加者パネルが開きます。

💡 **ヒント** チャットで話し合う

参加者とトラブルになってしまった場合、音声でやりとりしてしまうと他の参加者の迷惑になります。そういう場合には、チャットを使って話し合うことで他の参加者の邪魔にならず、トラブルを解決できることもあります。

4 退出させたい参加者名の上にマウスカーソルを移動させます。

Zoom

第5章

ミーティングを円滑に進めよう

5 ＜詳細＞をクリックします。

6 ＜待機室に戻す＞をクリックします。

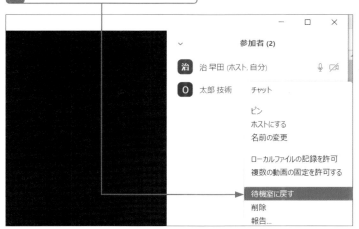

7 参加者が待機室に戻りました。ミーティングに再度参加させる場合、あらためて承認します。

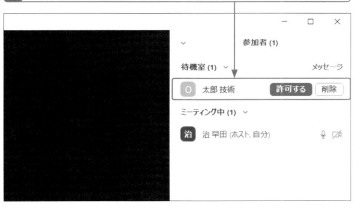

メモ 迷惑な参加者は＜削除＞しよう

荒らし行為などを行っている参加者は、再度ミーティングに参加させる必要はありません。こういった参加者は手順⑥で＜削除＞をクリックします。

メモ 削除されると

初期設定では、削除されたユーザーは、そのミーティングに参加することができません。参加できるように設定するには、Zoomのサイトから＜取り除かれた参加者を再度参加させることを許可＞の設定をオンにします。

参加者のパソコンを
リモートで操作しよう

覚えておきたいキーワード
☑ リモート制御
☑ 画面の共有
☑ リクエスト

Zoomでは、画面を共有している参加者のパソコンをリモート操作できます。相手の許可がなければ操作することができないので、安心です。操作の説明をする場合に便利な機能ですので、覚えておきましょう。

1 参加者のパソコンをリモート制御する

🔑 キーワード **リモート制御**

その場にいなくても遠隔地から操作することをリモート制御といいます。言葉だけでは操作の説明が難しい場合に有効な方法になります。

1 Sec.21を参考にパソコンを操作したい参加者に画面を共有してもらいます。

2 <オプションを表示>をクリックし、

💡 ヒント **参加者の画面を共有できない時には**

参加者が画面を共有できない場合、ホストが画面共有を許可していない場合があります。画面共有の許可をしているかどうか確認しましょう。

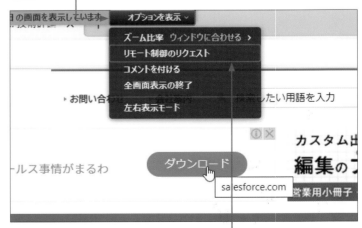

3 <リモート制御のリクエスト>をクリックします。

4 <リクエスト>をクリックします。

リモート制御のリクエスト　　　　　　　　　　　　　　　　　　　✕

 治 早田 の共有コンテンツのリモート**制御**をリクエストしようとしています。

[リクエスト] を選択して 治 早田 の承認を待ってください。リクエストを送信しない場合は [キャンセル] を選択してください。

リクエスト　　キャンセル

5 リモート制御される側にも承認を促すダイアログが表示されます。<承認>をクリックします。

太郎 技術が画面のリモート制御をリクエストしています

画面をクリックすることにより、いつでも制御を取り戻せます。

承認　　辞退

6 画面上部に「●●の画面を制御しています」と表示され、リモート操作できる状態になっていることが確認できます。

メモ

リモート操作は「参加者」も可能

本文では、ホストが参加者のパソコンをリモート操作していますが、同様の操作で参加者がホストやほかの参加者のパソコンをリモート操作することもできます。

Zoom

第 **5** 章

ミーティングを円滑に進めよう

メモ

リモート制御を終了する

リモート操作が終わったら<オプションを表示>をクリックし、<リモート制御権の放棄>をクリックします。

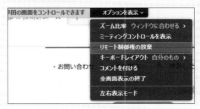

Section 43

ホストの権限をほかの人に割り当てよう

覚えておきたいキーワード
☑ ホスト
☑ 共同ホスト
☑ アカウント

Zoomミーティングを開催したホストが急用でミーティングを退出しなければいけない場合には、ホストの権限をほかの参加者に移譲してミーティングを継続できます。権限を移譲された参加者はホストになるため、チャットの制限やミーティングのロックなどを行えるようになります。

1 ホストの権限を参加者に渡す

🔑 キーワード **共同ホスト**

複数人にホストの権限を持たせる場合「共同ホスト」を設定すると便利です。

1 Sec.18を参考にミーティングを開始し、ミーティング画面を開きます。

2 ミーティングコントロールの<参加者>をクリックします。

3 参加者パネルが開きます。

4 ホストに指名したい参加者にマウスカーソルを移動し、

 ヒント **ホストを別の人に割り当てる**

ホストがミーティングを退出しても、ミーティングを継続したい場合には、別の人にホストの権限を渡すことができます。

5 <詳細>をクリックします。

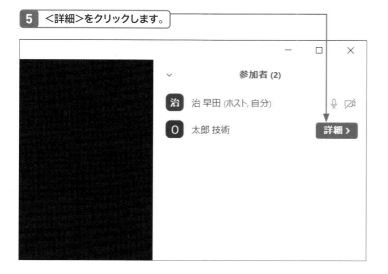

6 <ホストにする>をクリックします。

7 確認のダイアログが表示されるので
<はい>をクリックします。

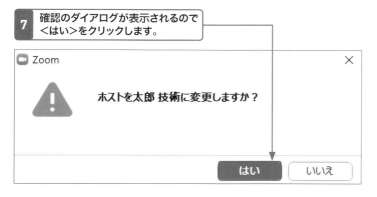

メモ **アカウントの契約状況を確認**

ホストが無料プランのアカウントでミーティングを開始した場合、ホストの権限を渡された人が有料プランのアカウント登録者だったとしても、そのミーティングでは無料プランの制限がそのまま継続されます。ホストの権限を明け渡す際には、プランについても知っておくといいでしょう。

メモ **「共同ホスト」で開催可能に**

複数人に「ホスト」の権限を渡す場合には、Zoomのサイトで「共同ホスト」の設定をしておく必要があります。共同ホストとは、複数人がホストの権限を持っていること。あらかじめ共同ホストを指定しておけば、ホストにトラブルがあっても、ミーティングを開催/継続できるようになります。

> 共同ホスト
> ホストは共同ホストを加えることができます。共同ホストは、ホストと同じようにミーティング中のコントロールを行うことができます。

ミーティング時のルールを決めておこう

覚えておきたいキーワード
- ☑ 反応
- ☑ チャット
- ☑ ルール

Zoomミーティングでは、複数の人が同時に話すと誰が話しているのか分からなくなり、スムーズな運営が難しくなります。ミーティングを開始する前に、「話し終わる時には『以上です』という」、発言者以外はミュートする、「質問はチャットや反応機能を使う」というようにルールを決めておくと便利です。

1 ミーティング参加者でルールを決める

ヒント　ルールを説明する

ミーティングで本題に入る前に、ミーティングの基本的なルールを参加者と共有しておくとミーティングがスムーズに運営できます。

質問がある場合、チャット機能を使うと、ミーティングが会話で混乱しません。

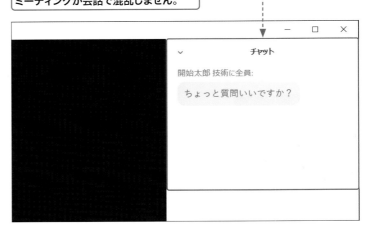

<リアクション>機能をうまく使えば、言葉を交わさなくても意思疎通ができます。

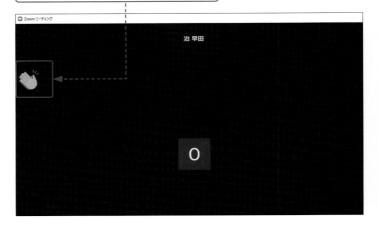

キーワード　リアクション機能

ミーティングコントロールの<リアクション>をクリックするといくつかのアイコンを選択できます（P.60参照）。このアイコンをクリックすると画面上に表示されます。待機室にルールを記載しておくのも有効です。

Chapter 06

第6章

スマートフォンで Zoomを利用しよう

アプリを
インストールしよう

覚えておきたいキーワード
- ☑ iPhone
- ☑ Android
- ☑ サインアップ

Zoomをスマホで使うには、Zoomモバイルアプリをインストールする必要があります。ここではiPhoneを例に、アプリのインストール方法とZoomへのサインアップ方法を紹介します。Androidを搭載したスマートフォンでも同様の操作でインストール／サインアップできます。

1 アプリストアからアプリを入手する

メモ Androidでも 手順は同じ

本文ではiPhoneの手順を紹介しましたが、Androidでもインストールの手順は変わりません。Playストアから「ZOOM Cloud Meetings」アプリを検索し、インストールしましょう。

1 App Storeを開き、「ZOOM Cloud Meetings」を検索します。

2 <入手>をタップします。

3 Zoomアプリがインストールされたのが確認できます。

4 アイコンをタップするとZoomアプリが起動します。

メモ スマホアプリは インストールが簡単

パソコンの場合、アプリをダウンロード後、インストールする必要がありますが、スマホは、「入手」ボタンをタップするだけで、ダウンロードとインストールが始まります。

2 アカウント登録をスマホで行う

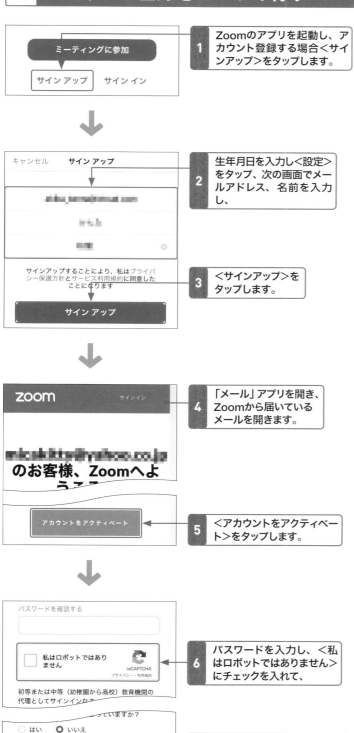

1 Zoomのアプリを起動し、アカウント登録する場合<サインアップ>をタップします。

2 生年月日を入力し<設定>をタップ、次の画面でメールアドレス、名前を入力し、

3 <サインアップ>をタップします。

4 「メール」アプリを開き、Zoomから届いているメールを開きます。

5 <アカウントをアクティベート>をタップします。

6 パスワードを入力し、<私はロボットではありません>にチェックを入れて、

7 <続ける>をタップするとホーム画面が表示されます。

 ヒント アカウント登録していれば、<サインイン>できる

事前にZoomにアカウント登録していれば、Zoomのアプリから「サインイン」できます。サインインすることで、Zoomミーティングを開始したり、予約したりできるようになります。

 ヒント ミーティングに招待されている場合、<ミーティングに参加>でOK

Zoomミーティングに招待されて参加する場合、ユーザー登録をする必要はありません。Zoomアプリを起動し、<ミーティングに参加>を選べば、ミーティングに参加できます。

Section
46

参加者
ホスト

サインインしよう

覚えておきたいキーワード
☑ サインイン
☑ ホスト
☑ パスワード

Zoomにサインインすることで、ホストとしてZoomミーティングを開始したり、予約したりできるようになります。また、参加者としてミーティングに参加する場合も、ユーザー名などを入力しなくていいので便利です。ここでは、スマホからサインインする方法を紹介します。

1 スマホからサインインする

メモ アプリのアップデート

Zoomなどのアプリは、機能強化などでアップデートされます。自動的にアップデートをする設定になっていない場合、手動でアップデートする必要があります。定期的にストアアプリを確認し、アップデートがあれば更新するようにしましょう。

1 iPhoneのホーム画面で<Zoom>をタップします。

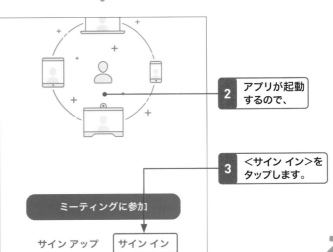

2 アプリが起動するので、

3 <サイン イン>をタップします。

ミーティングに参加

サイン アップ　サイン イン

ヒント サインインすると ミーティングを主催できる

ホストとしてミーティングを主催する場合、<サイン イン>する必要があります。一度サインインすれば、次回からはZoomアプリをタップするとすぐにホーム画面が表示されます。

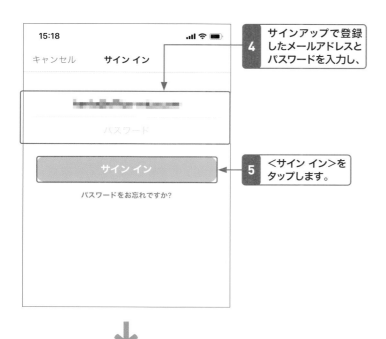

4 サインアップで登録したメールアドレスとパスワードを入力し、

5 <サイン イン>をタップします。

6 サインインが完了し、ホーム画面が開きます。

メモ スマホでサインアップするには

Zoomのアカウントを取得していない場合、スマホからもサインアップ可能です。手順2の画面で<サイン アップ>をタップし、アカウントを登録していきます。

ヒント サインアウトするには

スマホでサインアウトするにはホーム画面から<設定>→<ユーザーアカウント名>の順にタップし、<サイン アウト>をタップします。

ステップアップ GoogleやFacebookアカウントでもサインイン可能

GoogleやFacebookにアカウントがある場合、そのアカウントを使ってサインインすることもできます。既にあるアカウントを利用でき便利です。これらのアカウントからサインインする場合、画面下部にある該当のアイコンをタップします。

次を使用してサイン イン

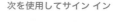

131

Section
47
参加者
ホスト

アプリの画面と機能を知ろう

覚えておきたいキーワード
☑ ホーム画面
☑ ミーティングに参加

Zoomアプリを使う前に、まずは画面や機能について知っておきましょう。ここでは＜サインイン＞後のホーム画面やミーティング画面の機能について紹介します。画面の使い方を覚えておくと、ミーティングを主催したり、参加したりする際に便利です。

1 ホーム画面を知ろう

ヒント **Android版のホーム画面**

Android版もiOS版とインターフェースなどはほとんど変わりません。使用している端末に合ったZoomをインストールして使いましょう。

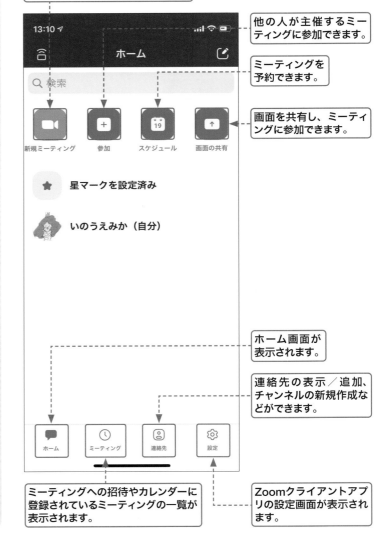

すぐにミーティングを開始できます。

他の人が主催するミーティングに参加できます。

ミーティングを予約できます。

画面を共有し、ミーティングに参加できます。

ホーム画面が表示されます。

連絡先の表示／追加、チャンネルの新規作成などができます。

ミーティングへの招待やカレンダーに登録されているミーティングの一覧が表示されます。

Zoomクライアントアプリの設定画面が表示されます。

2 ミーティング画面の機能を知ろう

ミーティングの終了／退出ができます。

このエリアにミーティング参加者の顔や名前が表示されます。

音声のオン／オフを切り替えます。

ビデオのオン／オフを切り替えます。

画面を共有します。

参加者ウィンドウを表示します。

チャット画面やバーチャル背景の設定をします。

 ヒント **顔出ししたくない時には**

Zoomミーティングで顔を表示したくない場合、「ビデオ」をオフにして参加しましょう。

3 <詳細>の機能を知ろう

セキュリティ関連の設定を行います。

チャット画面を開きます。

ミーティングの設定画面を開きます。

ミーティング画面が最小化されます。

バーチャル背景を設定します。

 ヒント **Android版との違い**

iOS版とAndroid版との違いはほとんどありません。バーチャル背景についても、一部機種を除いて使用できます。ただし、iPhoneではホワイトボード機能が使えません。ホワイトボード機能を使う場合、iPadやAndroidスマホを使いましょう。

Section 48 参加者 ホスト

ミーティングに参加しよう

覚えておきたいキーワード
☑ ミーティング ID
☑ URL
☑ サインイン

メールなどでミーティングに招待されると、そのミーティングに参加することができます。招待メッセージの URL をクリックしても参加できますが、ここでは、ミーティング ID 等を入力してミーティングに参加する方法を紹介します。

1 ミーティング ID を入力し参加する

 ヒント　参加だけならサインイン不要

ミーティングを主催しなければ、サインインしなくてもミーティングに参加できます。

キーワード　ミーティング ID とは

Zoom では、ミーティングごとに ID（番号）が割り当てられています。このミーティングに参加するには、ミーティング ID とパスワードまたは、これらの情報が含まれている URL が必要になります。ミーティングの参加方法は、Sec.08 を参考にしてください。

 メモ　URL をクリックしても参加可能

招待メッセージに URL が記載されている場合、それをクリックするとアプリが起動し、Zoom ミーティングに参加できます。

1　Sec.46 を参考に Zoom アプリを開き、

2　＜参加＞をタップします。

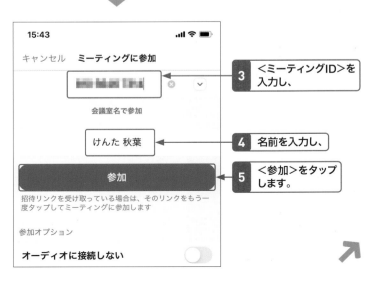

3　＜ミーティング ID＞を入力し、

4　名前を入力し、

5　＜参加＞をタップします。

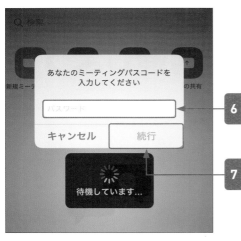

6 <パスコード>を入力し、

7 <続行>をタップします。

8 <ビデオ付きで参加>または<ビデオなしで参加>をタップします。

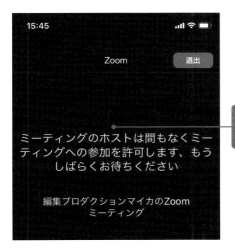

9 ホストに許可されるとミーティングに参加することができます。

メモ 音声通話をオンにする

ミーティングが開始されたら<インターネットを使用した通話>をタップします。これをタップしないと音声通話ができません。

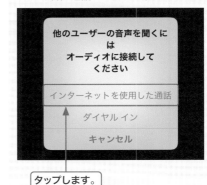

タップします。

メモ ミーティングを退出する

ミーティングから途中退出する場合、<退出>をタップすると、そのミーティングから退出できます。退出後、再度ミーティング参加することも可能です。

Section

49

参加者
ホスト

ミーティングを開催しよう

覚えておきたいキーワード
- ☑ 新規ミーティング
- ☑ スケジュール
- ☑ 招待

Zoomのアプリにサインインしていれば、スマホアプリからでもZoomミーティングを主催することができます。ここでは、スマホですぐにミーティングを開催する方法を紹介します。

1 新規ミーティングを開く

ヒント ミーティングを予約する

「●月●日にミーティングを開催する」という場合にはミーティングを予約すると便利です。<スケジュール>をクリックし、ミーティングの開催日時などを入力すれば、ミーティングを予約できます。詳しい手順はSec.16で説明していますので、そちらを参照してください。

1 Sec.46を参考にZoomアプリを起動して、サインインし、

2 <新規ミーティング>をタップします。

キーワード 個人ミーティングID

「個人ミーティングID」とは、Zoomのアカウントごとに割り当てられている「パーソナルミーティングID」のことです。初期設定ではオフになっています。通常はそのままミーティングを開始して問題ありません（Sec.27参照）。

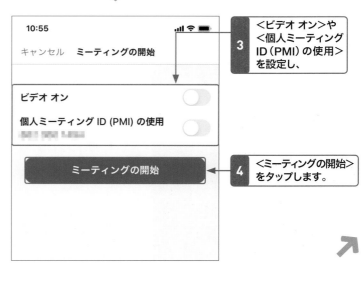

3 <ビデオ オン>や<個人ミーティングID（PMI）の使用>を設定し、

4 <ミーティングの開始>をタップします。

5 ＜インターネットを使用した通話＞をタップすると、ミーティングが開始されます。

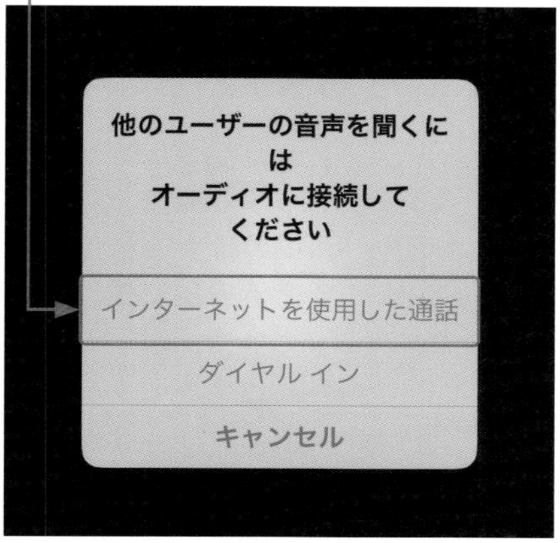

ヒント 音声が聞こえない時は

＜インターネットを使用した通話＞をタップしないと、音声でのコミュニケーションができません。間違えて＜キャンセル＞をタップしてしまった場合、ミーティング画面から左下の＜オーディオに接続＞アイコンをタップし、音声を使えるように設定します。

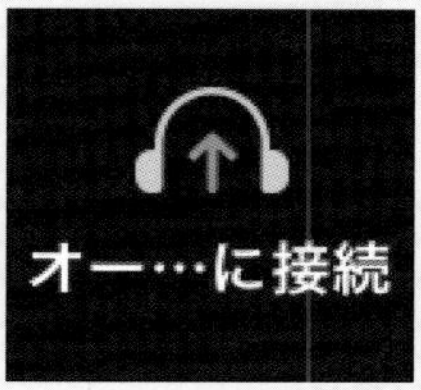

2 参加者を招待する

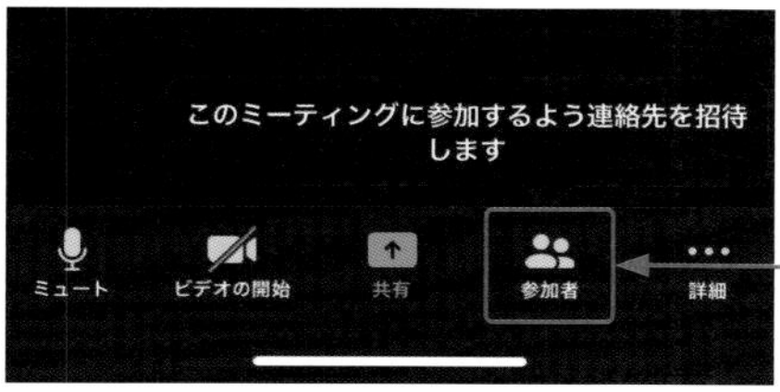

1 ミーティングコントロールの＜参加者＞をタップし、

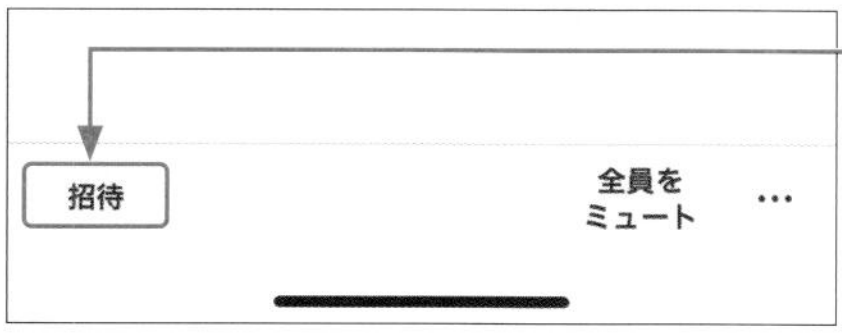

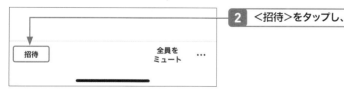

2 ＜招待＞をタップし、

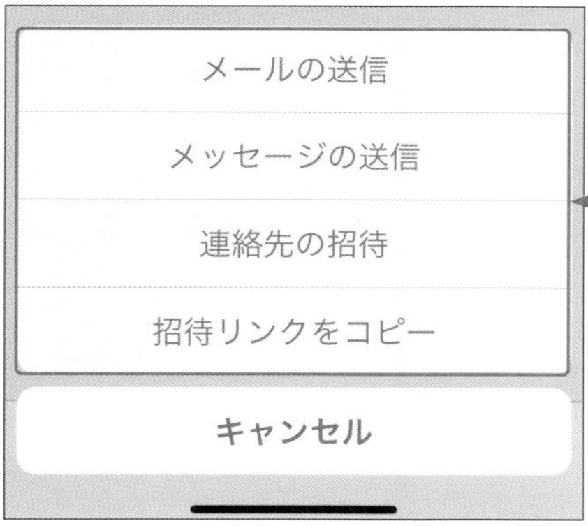

3 招待する方法を選び、参加者をミーティングに招待します。

ヒント LINEで招待する場合

LINEで参加者を招待する場合、＜招待リンクをコピー＞をタップし、招待用のURLをクリップボードに格納します。その後、招待したい人のLINEのトーク画面のコメント入力欄に＜ペースト＞することで、招待できます。

Section 50 参加者 ホスト
画面を共有しよう

スマホでミーティングに参加していても画面を共有できます。写真やオンラインストレージサービスなどに保存しているファイル、URLのほか、操作画面も共有できます。ここでは「WebサイトURL」を共有する方法を例に操作の説明をしていますが、用途に合わせて必要な画面を共有しましょう。

1 Webサイトを画面共有で表示する

 ヒント　参加者が画面共有するには

参加者が画面共有するには、ホストが参加者の画面共有を許可する必要があります。Sec.23を参考に、ホストは参加者の画面共有を許可しましょう。

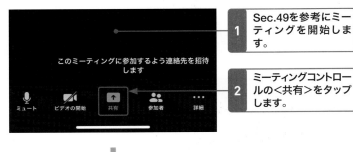

1 Sec.49を参考にミーティングを開始します。

2 ミーティングコントロールの<共有>をタップします。

3 共有方法の選択画面が表示されるので、

4 <WebサイトURL>をタップします。

メモ　オンラインストレージの資料を共有

PDFファイルなどを共有する場合、iCloud DriveやDropbox、Google Driveなどのオンラインストレージに保存しているファイルを使って、画面を共有します。

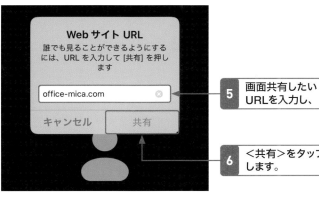

 5 画面共有したい URLを入力し、

6 <共有>をタップ します。

7 Webサイトが画面 共有されました。

 8 画面の共有を終了する時には<共有の停止>をタップします。

 ヒント **iPhoneに表示されている 画面を共有するには**

iPhoneに表示されている画面を共有するには、手順3で<共有>をタップし、<ブロードキャストを開始>する必要があります。

 ヒント **<鉛筆アイコン>をタップすると、画面上に書き込みも可能**

プレゼンテーションを行う場合、特定の箇所に注目してほしい場合があります。画面共有中に鉛筆アイコンをクリックすると、<スポットライト>や<ペン>などのツールを使えます。

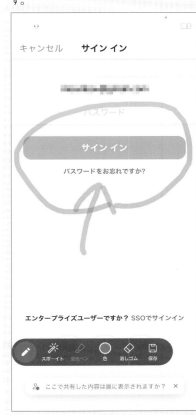

Section 51

参加者
ホスト

ホワイトボードを 利用しよう

覚えておきたいキーワード
- ☑ ホワイトボード
- ☑ Android
- ☑ 共有

Androidを搭載しているスマホではホワイトボード機能を使うことができます。ブレインストーミングやミーティングなどで使えば、アイデアをまとめることができて便利です。ここではホワイトボードの共有方法を紹介します。

1 ホワイトボードを共有する

🔑 キーワード　ホワイトボード

ホワイトボードとは、話をする際に使う白いボードのこと。手描きの図や文字を書いたり消したりしながら説明するのに使います。Zoomでは、このホワイトボードをオンライン上で使うことができます。ホストや参加者が描いたものをリアルタイムに共有できて便利です。

> ここでは、Andriodを搭載したスマートフォンの画面で解説します。

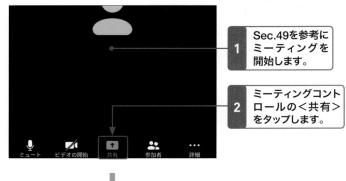

1 Sec.49を参考にミーティングを開始します。

2 ミーティングコントロールの＜共有＞をタップします。

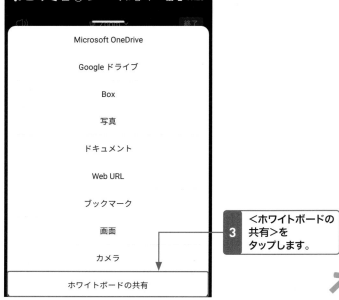

3 ＜ホワイトボードの共有＞をタップします。

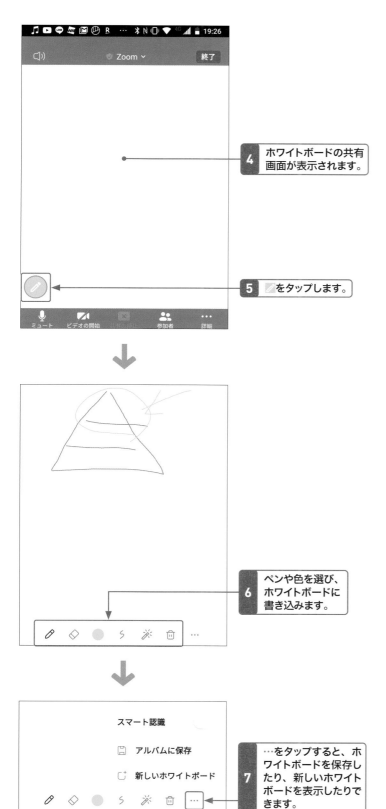

4 ホワイトボードの共有画面が表示されます。

5 ✎ をタップします。

6 ペンや色を選び、ホワイトボードに書き込みます。

7 …をタップすると、ホワイトボードを保存したり、新しいホワイトボードを表示したりできます。

ヒント スマート認識できれいな画像を描く

手順7で<スマート認識>をオンにすると、フリーハンドで描いた画像がきれいな画像に自動的に変換されます。

ヒント 参加者もホワイトボードを使える?

ホワイトボードは参加者全員が書き込むことができます。非常に便利な機能です。iPhoneユーザーは他の人が共有しているホワイトボードであれば、書き込むことができます。

ヒント ホワイトボードを終了する

Sec.50の手順8と同様の手順で<共有の停止>をタップすると、ホワイトボードを終了できます。

Section
52
参加者
ホスト

チャンネルを作成しよう

覚えておきたいキーワード
☑ チャンネル
☑ 連絡先
☑ 公開チャンネル

パソコン同様、スマホでも<チャンネル>を作成できます。プロジェクトメンバーなどを集めたチャンネルを作成すると、情報共有がスムーズに行えるようになるので活用するといいでしょう。ここでは「販促」というチャンネルを作成する手順を紹介します。

1 メンバーごとにチャンネルを作成する

🔑 キーワード **チャンネル**

チャンネルを使うと、プライベートグループやパブリックグループを簡単に作成できるようになります。

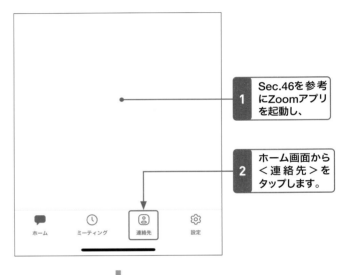

1 Sec.46を参考にZoomアプリを起動し、

2 ホーム画面から<連絡先>をタップします。

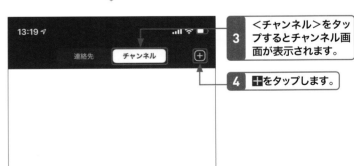

3 <チャンネル>をタップするとチャンネル画面が表示されます。

4 ➕をタップします。

🔑 キーワード **連絡先**

Zoomユーザーを連絡先に登録しておけば、すぐにミーティングを開始できます。

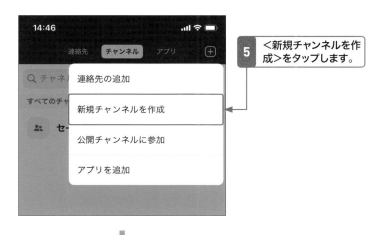

5 <新規チャンネルを作成>をタップします。

メモ 2つのチャンネルタイプ

チャンネルタイプには組織内であれば誰でも検索・参加できる<パブリック>と、招待されているメンバーだけが参加できる<プライベート>の2つのタイプがあります。また、プロジェクトに関わる組織外のメンバーなどを招待することもできます。

6 チャンネル名を入力し、

7 <チャンネルタイプ>を選び、

8 <次へ>をタップします。

9 チャンネルに追加したいメンバーを選び、

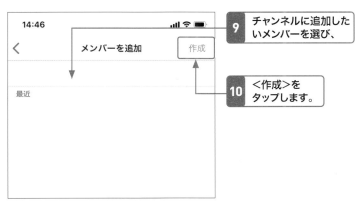

10 <作成>をタップします。

ヒント 連絡先にメンバーを追加する

Zoomに登録しているメールアドレスを入力すれば、連絡先にメンバーを追加できます。

Section

53

参加者
ホスト

バーチャル背景を
利用しよう

覚えておきたいキーワード
☑ バーチャル背景
☑ 背景
☑ iPhone 8

スマホでもバーチャル背景機能を使用できます。背景を見せたくない場合には、バーチャル背景機能を使いましょう。なお、iPhone 8以前に発売されているiPhoneやAndroidを搭載しているスマホではバーチャル背景が使えない機種もあります。

1 バーチャル背景を設定する

🔑キーワード　**バーチャル背景**

動画や静止画を仮想的な背景に設定する機能です。

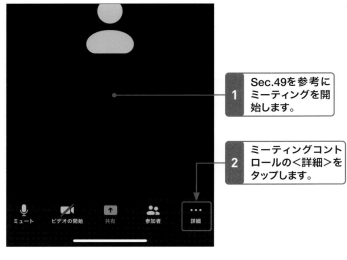

1 Sec.49を参考にミーティングを開始します。

2 ミーティングコントロールの<詳細>をタップします。

3 <背景とフィルター>をタップします。

メモ　**バーチャル背景を設定できるiPhone**

バーチャル背景が使えるiPhoneは、iPhone 8以降に発売された機種。それ以前の機種を使っている場合、バーチャル背景の機能を使うことができません。

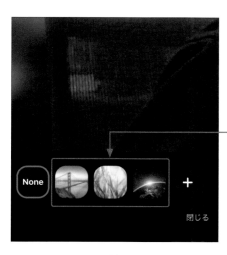

4 バーチャル背景にしたい画像を選びます。

5 バーチャル背景を確認できます。

6 バーチャル背景を設定できたら<閉じる>をタップします。

7 ミーティング画面の背景がバーチャル背景になります。

 ヒント バーチャル背景を
追加する

手順4の画面にある<+>をタップすると、バーチャル背景に画像を追加できます。バーチャル背景にしたい画像があれば、あらかじめスマホに保存しておきましょう。

 メモ バーチャル背景を
オフにする

手順4の画面で<None>をタップするとバーチャル背景がオフになります。

145

画面の表示方法を変えよう

覚えておきたいキーワード
☑ ギャラリービュー
☑ スピーカービュー
☑ スライド

スマホでギャラリービューやスピーカービューに切り替えるには、画面をスライドします。ギャラリービューでは表示できる人数が限られているので、たくさんの人数が参加している場合、画面を切り替えて表示していきます。

1 画面をスライドしてビューを切り替える

ヒント 安全運転モードとは

スピーカービューの画面で右方向にスライドすると安全運転モードが表示されます。このモードでは自動的にビデオが停止され、音声もミュートになります。＜会話するにはタップ＞をタップすると会話できるようになります。

ヒント 参加者が多い場合

参加者が多い場合、ギャラリービューが1画面に収まらない場合があります。その場合、ギャラリービューの画面からさらに左にスライドしていくと、ほかの参加者を確認できます。

スピーカービューの画面

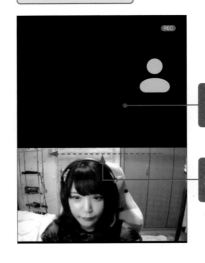

1. Sec.49を参考にミーティングを開始すると、スピーカービューの画面が表示されます。

2. 左にスライドするとギャラリービューの画面に切り替わります。

ギャラリービューの画面

1. 右にスライドすると、スピーカービューの画面に切り替わります。

Chapter 07

第7章

Zoomで困ったときのQ&A

Question

01

参加者
ホスト

接続が
うまくいかない！

Answer

1 ネットワークの状況をチェックし、必要に応じて変更します。

Wi-Fiを使ってインターネット接続している場合、Wi-Fiの接続状況や回線状況によってインターネットの接続が不安定な場合があります。ここではWi-Fiの設定を見直してみます。

アクセスポイントの近くに移動する

> 移動できる場合、パソコンを移動します。
> 難しい場合、ルーターの位置を調整します。

他の Wi-Fi のアクセスポイントに接続する

> Wi-Fiに再接続してみたり、他のアクセスポイントに接続してみたりして、ネットワークの状況が改善するか確認します。

有線 LAN で接続する

> パソコンのLANポートとルーターをLANケーブルで接続します。

ルーターを再起動する

> ルーターの管理画面から<再起動>を実施します（画面はASUS AC59U）。

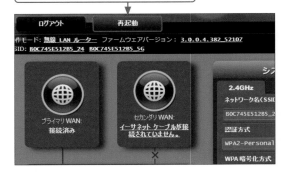

Answer

2 映像をオフにする

ネットワークの帯域が不足している場合、ネットワークに流れるデータ量を削減するのが有効です。映像なしの音声会議にしたり、映像の画質を落としたりすると改善する場合があります。まずは<ビデオの停止>をクリックし、映像をオフにしてみましょう。

> ビデオをオフにし、様子を見ます。他の参加者のビデオもオフにしてもらうよう依頼しましょう。

Question

02
参加者
ホスト

映像が
表示されない！

Answer

1 カメラの設定を見直してみます。

画面が真っ黒でビデオが表示されない場合には、OSの設定を確認しましょう。ここではWindowsのアプリがカメラにアクセスできるような設定方法を紹介します。

OSのプライバシー設定を確認する

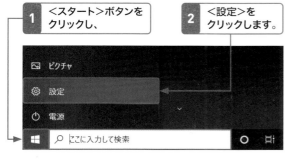

1 ＜スタート＞ボタンをクリックし、

2 ＜設定＞をクリックします。

🖼 ピクチャ

 設定

⏻ 電源

3 ＜プライバシー＞をクリックします。

🖥 個人用設定
背景、ロック画面、色

≣ アプリ
アンインストール、既定値、オプションの機能

🕐 時刻と言語
音声認識、地域、日付

⊗ ゲーム
Xbox Game Bar、キャプチャ、配信、ゲームモード

🔍 検索
マイファイル、アクセス許可の検索

🔒 プライバシー
場所、カメラ、マイク

4 ＜カメラ＞をクリックし、

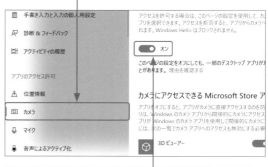

🖊 手書き入力と入力の個人用設定

⟲ 診断 & フィードバック

🗐 アクティビティの履歴

アプリのアクセス許可

📍 位置情報

📷 カメラ

🎤 マイク

🔊 音声によるアクティブ化

アクセスを許可する場合は、このページの設定を使用して、カメラを使用できるアプリを選択できます。アクセスを拒否すると、アプリからカメラへアクセスされません。Windows Hello はブロックされません。

🔘 オン

このページの設定をオフにしても、一部のデスクトップ アプリが...とがあります。理由を確認する

カメラにアクセスできる Microsoft Store ア...

アプリをオフにすると、アプリがカメラに直接アクセスするのを防...りは、Windows のカメラ アプリから間接的にカメラにアクセス...プリが Windows のカメラ アプリを使用して間接的にカメラに...には、次の一覧でカメラ アプリへのアクセスも無効にする必要...

🔲 3D ビューアー

5 ＜アプリがカメラにアクセスできるようにする＞をオンにします。

6 ＜デスクトップアプリがカメラにアクセスできるようにする＞をオンにします。

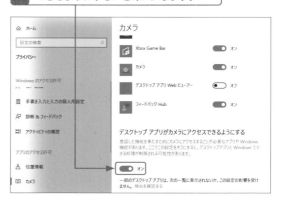

🏠 ホーム

設定の検索

プライバシー

Windows のアクセス許可

🖊 手書き入力と入力の個人用設定

⟲ 診断 & フィードバック

🗐 アクティビティの履歴

アプリのアクセス許可

📍 位置情報

📷 カメラ

カメラ

🎮 Xbox Game Bar 🔘 オン

📷 カメラ 🔘 オン

🌐 デスクトップ アプリ Web ビューアー ⚪ オフ

💬 フィードバック Hub 🔘 オン

デスクトップ アプリがカメラにアクセスできるようにする

意図した機能を果たすためにカメラにアクセスすることが必要なアプリや Windows 機能があります。ここでこの設定をオフにすると、デスクトップアプリと Windows でできる処理が制限される可能性があります。

🔘 オン

一部のデスクトップ アプリは、次の一覧に表示されないか、この設定の影響を受けません。理由を確認する

Answer

2 それでもダメなら再起動してみる

どうしてもうまくできない場合には、パソコンを再起動するとうまくいく場合があります。最終手段ですが、どうしようもない場合には試してください。

OSを＜再起動＞します。

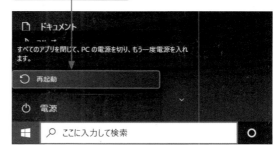

📄 ドキュメント

すべてのアプリを閉じて、PC の電源を切り、もう一度電源を入れます。

↻ 再起動

⏻ 電源

🔍 ここに入力して検索

Question
03　参加者　ホスト

音が出ない！

Answer

1 オーディオの設定を見直します。

音声がミュートされていたり、オーディオの設定が間違えていたりすると、音が出なくなります。ここでは音声やZoomの設定を確認し、問題があれば正しい設定に修正しましょう。

「ミュート」を確認する

<ミュート解除>をクリックします。

「インターネットを使用した通話」を選ぶ

<オーディオに接続>をクリックし、<コンピュータでオーディオに参加>をクリックします。

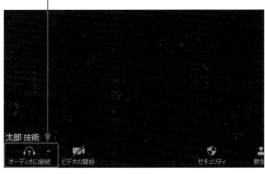

Question
04　参加者　ホスト

ハウリングをどうにかしたい！

Answer

1 1台のパソコンでマイクを使うか、それぞれヘッドセットをしましょう。

同じ室内でZoomを使うと、スピーカーから出てくる音声をマイクが拾い、ハウリングを起こします。同じ部屋でZoomを使う場合、1台のパソコンでマイクやスピーカーフォンを使うか、それぞれがヘッドセットを使い、ハウリングを防ぎましょう。

1台のパソコンでマイクやスピーカーフォンを使う

音声を出す端末以外は<ミュート>をクリックし、音声をミュートにします。

ヘッドセットを使う

参加者全員がヘッドセットを使えば、ハウリングなども抑えられます。

Question

05

参加者
ホスト

バーチャル背景が
うまく合成されない！

Answer

1 背景にグリーンシートを使います。

バーチャル背景は非常に便利な機能ですが、背景と
人物の境界が曖昧になったり、体の一部分が背景に
溶け込んでしまうことがあります。そういう場合、
グリーンシートを使うときれいに表示されます。

グリーンシートを背景にする

1 グリーンシートを購入し組み立て、背景にします。

2 クライアントアプリのホーム画面で、⚙をクリックします。

3 <背景とフィルター>をクリックします。

4 <グリーンスクリーンがあります>にチェックを入れます。

5 背景を選びます。

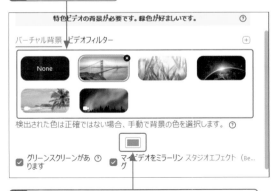

特色ビデオの背景が必要です。緑色が好ましいです。

検出された色は正確ではない場合、手動で背景の色を選択します。

6 輪郭がぼやけて見える場合、背景色をクリックし、設定したい背景色の場所をクリックします。

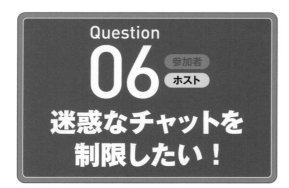

Question

06

参加者
ホスト

迷惑なチャットを制限したい！

Answer

1 ホストは「チャット」を制限できます。迷惑なチャットはホストに制限してもらいましょう。

チャットは便利な機能ですが、ミーティングの邪魔になる場合、ホストがチャットを制限しましょう。チャットの制限にはミーティング中のチャットを制限する方法と、すべてのミーティングのチャットを制限する方法があります。

ミーティング中にチャットを制限する

1 <チャット>をクリックし、チャットウィンドウを開きます。

2 …をクリックし、

3 <該当者なし>をクリックします。

設定でチャットを制限する

1 Zoomのサイトにサインインし、<設定>をクリックします。

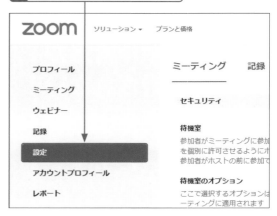

2 <チャット>の項目を探し、オフにします。

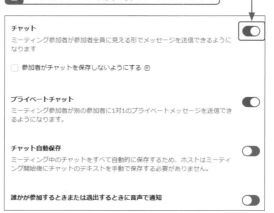

3 確認画面が開くので、<オフにする>をクリックします。

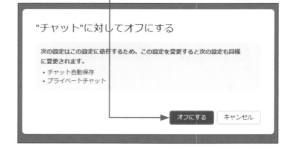

Question 07

参加者
ホスト

セキュリティを高めたい！

Answer

1 Zoomのセキュリティを高めるための設定や対処方法を知っておくようにしましょう。

Zoomでは「荒し」対策のためのセキュリティ機能がいくつか用意されています。ここではセキュリティの設定や荒し対策に有効な方法を紹介します。

セキュリティ設定をする

| 1 | Zoomのサイトにサインインし<設定>をクリックします。 | 2 | <待機室>をオンにします。 |

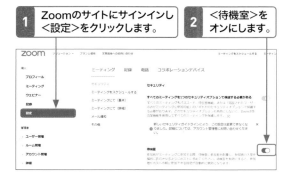

3 <認証されているユーザーしかウェブクライアントからミーティングに参加できません>をオンにすると、Zoomにサインインしているユーザーしかミーティングに参加できなくなり、セキュリティを高めることができます。

悪質な参加者をミュートする

クライアントアプリで、<参加者>パネルを開き、悪質な参加者を選び<ミュート>をクリックします。

悪質な参加者を退出させる

クライアントアプリで、<参加者>パネルを開き、悪質な参加者を選び<詳細>→<削除>の順にクリックします。

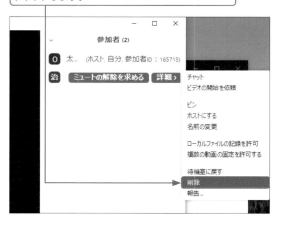

ミーティングをロックする

クライアントアプリで、<参加者>パネルを開き、<…>→<ミーティングのロック>の順にクリックします。

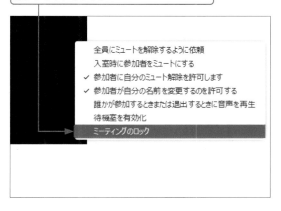

Question

08

参加者
ホスト

英語表示のメニューを日本語表示にしたい！

Answer

1 Zoomの設定を「日本語」に変更します。

Zoomのクライアントアプリは、多言語対応しています。そのため、設定が「英語」になっているとメニューなどが英語で表示されてしまいます。言語の設定を「日本語」に変更すれば、メニューも日本語で表示されます。

1 クライアントアプリを起動し表示を確認します。

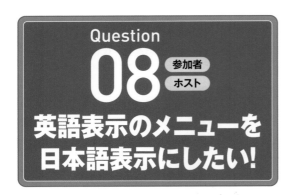

Zoomアイコン

2 Windowsのタスクバーで ∧ をクリックします。

3 Zoomアイコン上で右クリックします。

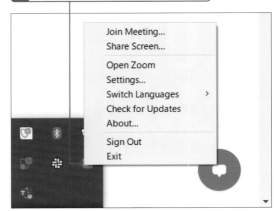

4 <Switch Languages>にマウスカーソルを移動し、

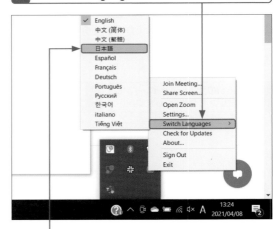

5 <日本語>をクリックします。

6 アプリが再起動し、日本語表示に切り替わります。

Question

09

参加者
ホスト

公開オンラインイベント に参加したい！

Answer

1 オンラインイベントに 申し込みし、参加します。

最近、オンラインによるセミナーやイベントが数多く開催されています。参加したいセミナー／イベントを探し、申し込むことでオンラインで参加できます。

参加を申し込む

1 オンラインイベントの参加者を募集しているサイトにアクセスし、参加の申し込みを行います。申し込みの方法はサイトによって異なります。

2 イベントによっては、参加する日程などを選べる場合もあります。

オンラインイベントに参加する

1 主催者からZoomミーティングのURLが記載されたメールやメッセージなどが届きます。指定日時に、リンクをクリックします。

2 Sec.08を参考にオンラインイベントに参加します。

3 オンラインイベントでは、発言する必要がない時には音声を＜ミュート＞にするなど、イベントの邪魔にならないよう配慮しましょう。

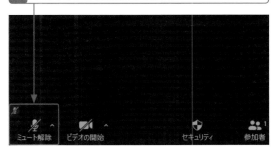

Question

10

参加者
ホスト

オンラインイベントで匿名で質問したい！

Answer

1 ウェビナーの主催者が匿名Q&Aを許可していれば、匿名での質問ができます。

ちょっとしたことを質問するのに名前を名乗るまでもないという場合には、匿名で質問をしましょう。ウェビナーの主催者が匿名Q&Aの許可をしていれば、匿名で質問できます。

Q&A 機能を設定する（ホスト）

1 Zoomのサイトにサインインし <ウェビナー>をクリックします。

2 <ウェビナーをスケジュールする>をクリックします。

3 ウェビナーをスケジュールした次の画面で <質疑応答>をクリックします。

4 <匿名での質問を許可する>のチェックを入れます。

質問を匿名で送信する（参加者）

1 ウェビナーに参加し、<Q&A>をクリックします。

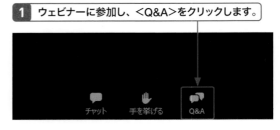

2 「質問と回答」ウィンドウが開くので、質問を入力します。

3 <匿名で送信>のチェックを入れます。

4 <送信>をクリックします。

5 匿名で質問が送信されます。

Question 11

参加者
ホスト

クライアントアプリを
アップデートしたい！

Answer

1 クライアントアプリからアップデートを確認し、アップデートを行います。

Zoomのクライアントアプリからアップデートの確認ができます。アップデートがあれば、クライアントアプリを最新バージョンに更新できます。

アップデートを確認して更新する

1 クライアントアプリを起動し、ホーム画面で ⓐ をクリックします。

2 ＜アップデートを確認＞をクリックし、

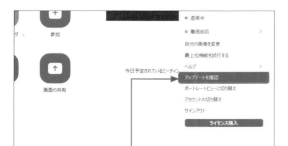

3 ＜更新＞をクリックします。

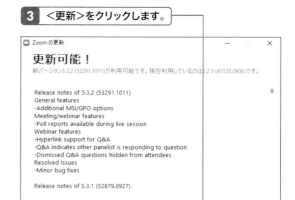

4 クライアントアプリが更新され、再起動します。

アップデートの通知から更新する

クライアントアプリでアップデートの通知があれば
＜更新＞をクリックすることでアップデートできます。

Question

12

参加者
ホスト

有料アカウントに切り替えたい！

Answer

1 Webサイトで有料アカウントの申し込みをします。

無料から有料のアカウントに切り替えることができます。Zoomのサイトでアップグレードできます。

1 Zoomのサイトにサインインし、<プロフィール>をクリックします。

2 <アップグレードする>をクリックします。

3 <アカウントをアップグレード>をクリックします。

4 プランを選択し<アップグレード>をクリックします。

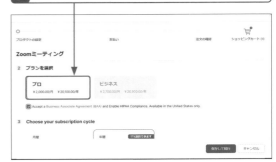

5 支払いのサイクルを選択します。

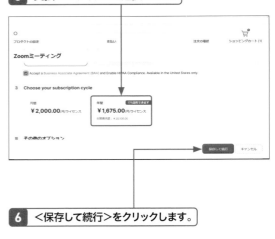

6 <保存して続行>をクリックします。

7 支払い情報などを入力します。

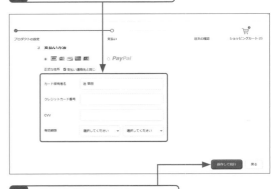

8 <保存して続行>をクリックし、注文の確認を行います。

Chapter 01

第1章

Microsoft Teamsを利用する準備をしよう

01
参加者
ホスト

招待メールから
チームに参加しよう

覚えておきたいキーワード
☑ 招待メール
☑ Microsoft アカウント
☑ チームに参加

Microsoft Teams 内のチームに招待されると、招待メールが届きます。Microsoft アカウントを作成済みである場合には、すぐに参加できます。作成していない場合でも、招待メールからかんたんに作成できます。

1 招待メールからチームに参加する

メモ　アカウントに使用されるメールアドレス

招待メールから Microsoft アカウントを作成する場合には、招待メールを受信したメールアドレスが使われます。このメールアドレス以外を使用したい場合には、Sec.02 の手順を参照してください。

1 招待メールの<チームに参加する>をクリックし、

参加するように招待しました！ 今すぐ参加して、チームメート

チームに参加する

2 <次へ>をクリックします。すでにアカウントを持っている場合には、パスワード入力画面が表示されます。

アカウントの作成

該当するアカウントが見つかりません。
　　　　　　　　　　という名前でアカウントを作成します。

次へ

3 パスワードを入力し、

4 <次へ>をクリックします。

パスワードの作成

お客様のアカウントで使用するパスワードを入力します。

••••••••

☐ パスワードの表示

次へ

5 メールに届いたコードを入力し、　**6** <次へ>をクリックします。

7 画像内に表示されている文字を入力し、　**8** <次へ>をクリックします。

9 <承諾>をクリックすると、

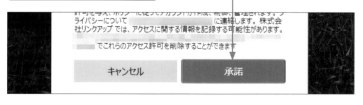

10 デスクトップ版もしくはブラウザ版の利用選択画面が表示されます。

ヒント　画像認証が難しい

手順**7**の画面で画像内の文字が読みにくかったり、わからなかったりする場合には、<新規>をクリックすることで、画像を変更できます。なお、<音声>をクリックすると、音声認証に切り替わります。

メモ　ゲストとしてチームに参加する

ゲストとしてチームに招待された場合もMicrosoftアカウントでMicrosoft Teamsにサインインする必要があります。Microsoft Teamsにサインインし、組織を選択すると、アカウントの切り替え処理が実行され、ゲストしてチームに参加している旨のメッセージが画面に表示されます。

メモ　デスクトップ版を利用する

手順**10**の画面で<Windows アプリをダウンロード>をクリックすると、デスクトップ版のインストールが開始されます。インストール手順は、Sec.04を参照してください。

161

Section 02 参加者 ホスト
アカウントを設定しよう

覚えておきたいキーワード
☑ Microsoftアカウント
☑ メールアドレス取得
☑ アカウント設定

Microsoft Teamsを利用するには、Microsoftアカウントが必要です。ここでは、新しいメールアドレスを取得し、Microsoftアカウントの作成からMicrosoft Teamsにアカウントを設定するまでの手順を解説します。

Teams
第1章 Microsoft Teamsを利用する準備をしよう

1 Microsoftアカウントを作成する

 メモ サインインする

すでにアカウントを持っている場合には、手順2の画面で<サインイン>をクリックします。

1 Webブラウザで「https://account.microsoft.com」にアクセスし、

2 <Microsoftアカウントを作成>をクリックします。

3 <新しいメールアドレスを取得>をクリックし、

162

4 任意のメールアドレスを入力して、　**5** <次へ>をクリックします。

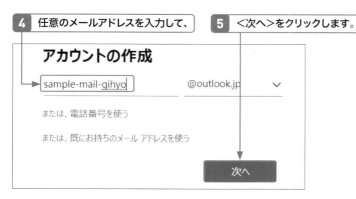

アカウントの作成

sample-mail-gihyo　　　　@outlook.jp　∨

または、電話番号を使う

または、既にお持ちのメール アドレスを使う

次へ

メモ 既存のメールアドレス または電話番号を使用する

手順**4**〜**5**の画面で<または、電話番号を使う>をクリックすると、電話番号を使用したアカウント作成画面に進みます。<または、既にお持ちのメールアドレスを使う>をクリックすると既存のメールアドレスでアカウントを作成できます。

6 パスワードを入力して、　**7** <次へ>をクリックします。

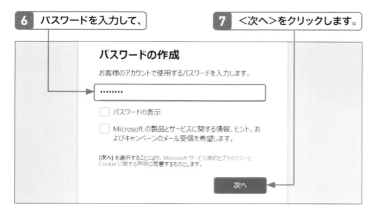

パスワードの作成
お客様のアカウントで使用するパスワードを入力します。

••••••••

☐ パスワードの表示

☐ Microsoft の製品とサービスに関する情報、ヒント、およびキャンペーンのメール受信を希望します。

[次へ] を選択することにより、Microsoft サービス規約とプライバシーと Cookie に関する声明に同意するものとします。

次へ

ヒント パスワードの作成

手順**6**〜**7**の画面で、「パスワードの表示」のチェックボックスをクリックしてチェックを付けると、入力したパスワードが表示され、確認することができます。

8 <次>をクリックし、

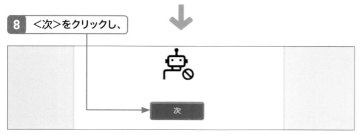

次

ヒント Microsoftからの メールを受信する

手順**6**〜**7**の画面で、「Microsoft の製品とサービスに関する情報、ヒント、およびキャンペーンのメール受信を希望します。」のチェックボックスをクリックしてチェックを付け、<次へ>をクリックすると、手順**4**〜**5**で作成したメールアドレスにMicrosoftから製品やサービスなどに関するメールが届きます。

9 画面の指示に従い画像を動かし、　**10** <完了>をクリックすると、Microsoft アカウントが作成されます。

画像が正しい位置にきたら、[完了]をタッチしてください。

完了

ヒント 画像を正しい位置に 調整する

手順**9**〜**10**の画面では、表示されている画像が前後左右正しい向きになるように調整する必要があります。画像の左右に表示されている矢印を数回クリックし、画像の向きを調整しましょう。

163

2 Microsoft Teamsにアカウントを設定する

📝メモ サインアップと サインイン

サインアップとは、サービスを利用するために新しいアカウントを新規登録することです。サインインとは、サービスを利用するために本人確認することです。

1 WebブラウザでMicrosoft Teamsの公式ページにアクセスし、<無料でサインアップ>をクリックします。

Microsoft Teams
会議、チャット、通話、共同作業をすべて1か所で。

| 無料でサインアップ | サインイン |

2 P.163で作成したメールアドレスを入力し、

3 <次へ>をクリックします。

メール アドレスの入力

このメール アドレスを使用して Teams をセットアップします。
Microsoft アカウントを既にお持ちの場合は、そのメール アドレスをここで使用できます。

メール

次へ

📝メモ Microsoft Teams の使用用途

手順 **4** ～ **5** の画面では、Microsoft Teamsの使用用途を選択する必要があります。なお、使用しているデバイスやデバイスの設定においては、日本語で表示される場合もあります。
選択できる使用用途は、上から順番に以下の3種類です。
・学校向け
　学校単位で学生と教職員が利用します
・友人および家族向け
　日常生活で通話機能を中心に利用します
・職場向け
　仕事の共同作業や管理を中心に利用します

4 使用用途をクリックして選択し、

5 <次へ>をクリックします。

Teams をどのように使用しますか?

○ **学校向け**
　教室やオンラインで、コースやプロジェクトのために学生および教職員をつなぐ

○ **友人や家族向け**
　音声通話やビデオ通話のための日常生活向け

 仕事と組織向け
　どこにいてもチームメイトと一緒に作業する

次へ

6 パスワードを入力し、   **7** ＜サインイン＞をクリックします。

パスワードの入力

・・・・・・・・・・

☐ サインインしたままにする

パスワードを忘れた場合

別の Microsoft アカウントでサインインします

サインイン

8 名前や会社名などを入力し、

その他の詳細事項

姓	ミドル ネーム	名
牛込		和夫

会社名
株式会社技術評論社

国または地域
日本

重要な注意事項: 管理者である場合、Teams 組織に属しているユーザーの個人データと、自
　　　　　　　　されたデータ管理要求に対して管理者が　　　　　　　　　　　　　　に関連する

Teams のセットアップ

9 ＜Teamsのセットアップ＞をクリックします。

10 デスクトップ版もしくはブラウザ版の利用選択画面が表示されます。

Teams デスクトップ アプリを使って、チームワークをさらに充実させましょう

Windows アプリをダウンロード   代わりに Web アプリを使用

Teams アプリをインストールしていますか? 今すぐ起動する

Section 03

参加者
ホスト

デスクトップ版とブラウザ版の違いを確認しよう

覚えておきたいキーワード
☑ デスクトップ版
☑ ブラウザ版
☑ 機能の制限

Microsoft Teams をパソコンで利用できる環境は、デスクトップ版とブラウザ版があります。どちらも操作性に大きな違いはありませんが、ブラウザ版では機能が一部制限されている場合があります。

1 デスクトップ版 Microsoft Teams とは

📖✎メモ **リアルタイムで通知を受け取る**

デスクトップ版を利用している場合には、バックグラウンドで常に起動させることにより、リアルタイムで通知を受け取ることができます。ブラウザ版を利用している場合には、ブラウザでMicrosoft Teamsにアクセスしない限り、受け取ることができません。

デスクトップ版のMicrosoft Teamsは、契約しているライセンスにもよりますが、ほぼすべての機能を利用することができます。アプリをインストールしなければいけませんが、今後もMicrosoft Teamsを利用する機会が多い場合には、デスクトップ版の導入をおすすめします。

デスクトップ版のメリットとして、アプリの自動起動があります。パソコンの電源を入れると、自動的に Microsoft Teams が起動するため、Web会議の出席や緊急性の高い連絡へのアクセスと対応をスピーディに行うことができます。また、ブラウザ版で制限のあるビデオ会議やビデオ通話を利用可能です。これらのほかにも、さまざまな機能を制限なく利用できるのでMicrosoft Teams以外のWeb会議ツールやチャットツールを併用する手間も省かれます。なお、本書ではデスクトップ版の画面で解説をしています。

デスクトップ版の画面

📖✎メモ **個人用と組織用の Microsoft Teams**

Microsoft Teamsには個人用と組織用の2種類が存在しますが、本書では組織用のMicrosoft Teamsの利用を前提に解説しています。個人用と組織用のアプリは共存させられるので、本書の解説に沿ってMicrosoft Teamsを利用したい場合は、Sec.04を参考に組織用をインストールしてください。

2 ブラウザ版 Microsoft Teams とは

ブラウザ版の Microsoft Teams は、デスクトップ版の操作性や画面と大きな違いはありません。また、アプリのインストールやアカウントの作成をする必要がなく、ブラウザさえ起動していればすぐに Microsoft Teams にアクセスできます。また、Microsoft アカウントを持っていなくとも Web 会議にゲストとして、参加できます。ただし、デスクトップ版では、ビデオ通話中の背景の変更や画面分割を行うことが可能ですが、ブラウザ版では対応していないなどの細かな制限があります。また、利用しているブラウザによっては機能が一部制限されている場合があるので、下記の表を参照してください（2022年2月時点での最新バージョン）。

ブラウザ版の画面

ブラウザ	制限されている機能
Microsoft Edge	制限なし
Google Chrome	制限なし
Internet Explorer	サポート外、デスクトップ版の利用を推奨
Firefox	サポート外、デスクトップ版の利用を推奨
Safari	1対1のビデオ音声通話

機能	デスクトップ版	ブラウザ版
ビデオ通話中の背景変更	○	×
ビデオ通話中の背景ぼかし	○	×
画面分割	○	×
テスト通話	○	×
ライブキャプション	○	×
共有画面の制御の受け渡し	○	×

 メモ　アップデートの確認

デスクトップ版を利用している場合には、アップデートが自動で行われます。ブラウザ版を利用している場合には、アップデートの確認と更新を手動で行う必要があります。

メモ　外出先で Microsoft Teams を利用したい

ブラウザ版の場合は、外出先などで普段利用していないパソコンであっても、サインインすることで利用することが可能です。

Section
04 参加者 ホスト

デスクトップ版を インストールしよう

Microsoft Teams には、デスクトップ版とブラウザ版があります。機能やサービスを最大限に活用するためには、デスクトップ版の利用がおすすめです。ここでは、デスクトップ版のインストール手順を解説します。

1 Windows でインストールする

 メモ Web アプリを利用する

手順**1**の画面で<代わりにWebアプリを使用>をクリックすると、ブラウザ版の画面が表示されます。

1 P.165手順**10**の画面で<Windowsアプリをダウンロード>をクリックします。

Teams デスクトップ アプリを使って、チームワークをさらに充実させましょう

[Windows アプリをダウンロード]　[代わりに Web アプリを使用]

Teams アプリをインストールしていますか? 今すぐ起動する

2 ダウンロードが完了したら、ポップアップをクリックします。

ダウンロード後に Teams をインストールします。

アプリを開くと、自動的に会議に参加します。

 TeamsSetupx64_s_....exe ∧

プラ
サード

3 P.162～163で作成したメールアドレスを入力し、

4 <サインイン>をクリックします。

Microsoft アカウントを入力します。

[   ]

[サインイン]

 ヒント エクスプローラーから インストールする

エクスプローラーからもインストール操作を行えます。エクスプローラーの<ダウンロード>をクリックし、<Teams_windows_x64.exe>をダブルクリックすると、インストーラーが起動し、インストールが開始されます。

Section
04
デスクトップ版を
インストールしよう

Teams

第1章

Microsoft Teams を利用する準備をしよう

5 | パスワードを入力し、

6 | <サインイン>をクリックします。

7 | 初回起動時はリンクに関するダイアログが表示されます。

8 | <OK>をクリックします。

9 | 各機能の説明が表示されるので、

10 | ▶ を数回クリックします。

メモ　リンクをコピーして
メンバーを招待する

手順7の画面で<リンクをコピー>をクリック
し、メールなどに貼り付け、送信すると、新
たにメンバーを招待することができます。

メモ　基本画面を確認する

手順10の操作を行うと、ワークスペース画面
などが表示されます。基本画面の構成や機
能は、Sec.05を参照してください。

169

2 Macでインストールする

 メモ MacとWindowsの機能や操作の違い

音声通話やビデオ通話、チャットなど、多くの機能を差異なく利用できます。また、MacとWindows間のやりとりも可能です。ただし、Macの場合は画面共有や画面制御を行う際に、セキュリティとプライバシーの設定を確認する必要があります。

1 Webブラウザで「https://teams.microsoft.com/downloads」にアクセスし、<デスクトップ版をダウンロード>をクリックし、

Microsoft Teams をダウンロード

Teams でどこからでも、誰とでも、つながってコラボレーション。

[デスクトップ版をダウンロード]　　[モバイル版をダウンロード]

2 <Teamsをダウンロード>をクリックします。

[Teams をダウンロード]

3 <許可>をクリックすると、ダウンロードが開始されます。

"statics.teams.cdn.office.net"でのダウンロードを許可しますか?

"Webサイト"環境設定で、ファイルをダウンロードできるWebサイトを変更できます。

キャンセル　　[許可]

4 DockのなどからFinderを起動し、<ダウンロード>をクリックすると、

5 ダウンロード状況を確認できます。

よく使う項目
- AirDrop
- 最近の項目
- アプリケーション
- ダウンロード
- Creative Cloud...

Teams_osx.pkg.download

6 ダウンロードが完了したら、ファイルをダブルクリックし、

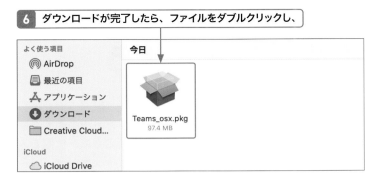

よく使う項目
- AirDrop
- 最近の項目
- アプリケーション
- ダウンロード
- Creative Cloud...

iCloud
- iCloud Drive

今日

Teams_osx.pkg
97.4 MB

7 ＜続ける＞をクリックします。

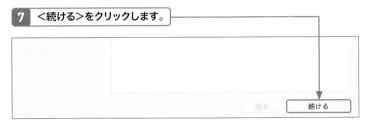

戻る　　続ける

8 ＜インストール＞をクリックして、

インストール先を変更...

戻る　　インストール

9 パスワードを入力したら、

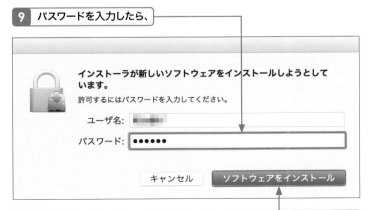

インストーラが新しいソフトウェアをインストールしようとしています。

許可するにはパスワードを入力してください。

ユーザ名：
パスワード：●●●●●●

キャンセル　　ソフトウェアをインストール

10 ＜ソフトウェアをインストール＞をクリックして、画面の指示に従いインストールを完了します。

メモ　**Microsoft Teams を起動する**

インストール後に、Microsoft Teamsを起動するには、画面下部のDockやLaunchpadからアクセス、もしくはスポットライト検索で「Teams」と検索すると、起動できます。

171

Section 05 参加者 ホスト 基本画面を確認しよう

覚えておきたいキーワード
☑ 基本画面
☑ メニューバー
☑ 画面構成

Microsoft Teamsにサインインしたら、基本画面やメニューバーの各画面を確認しましょう。なお、メニューバーの各機能をドラッグすることで、位置を入れ替えることができます。

1 Microsoft Teams の画面構成

📖✍メモ **ブラウザ版の画面構成**

デスクトップ版と画面デザインはほぼ同様ですが、「会議」部分が「予定表」となっているなどメニューバーの違いがあります。

画面	機能
❶メニューバー	各機能にアクセスします
❷チームリスト	参加中のチームやチャネルにアクセスします
❸検索	ユーザーやキーワードを検索します
❹プロフィールアイコン	プロフィールの編集や各種設定をします
❺ワークスペース	チャットや投稿を送信・確認します

各機能の位置を入れ替える

位置を入れ替えたい機能をドラッグして、任意の位置まで移動させます。

📖✍メモ **MacとWindowsの基本画面の違い**

Microsoft Teamsの画面構成は、MacとWindowsで差異はありません。

2 メニューバーの各画面構成

アクティビティ

自分宛てのメッセージや着信、チームやチャネルへの招待などの最新情報が表示されます。数字アイコンで通知数を確認することもできます。

チャット

相手を指定してプライベートチャットを行うことができます。テキスト以外にも、ファイルや画像も送信可能です。

チーム

参加中のチームやチャネルが表示されます。チームやチャネルの作成、メンバーの招待も行うこともできます。

メモ ゲスト利用の機能制限

ゲストとは、チームの所有者により招待された組織の外部のユーザーのことです。ゲストが操作できる機能は、チームのメンバーまたは所有者に比べて少ないものの、さまざまな機能が許可されています。

デスクトップ版とブラウザ版ともに、以下の機能が許可されています。

・チャネルを作成する
・プライベートチャットに参加する
・チャネルの会話に参加する
・チャネルのファイルを共有する
・投稿されたメッセージを削除または編集する

📖📝メモ 会議と通話の違い

会議は映像と音声を使用し、複数人で通話
を行います。また、スケジューリングを行うこ
とで、計画的にコミュニケーションをとること
ができます。一方で、通話はフランクかつ緊
急時にすばやくコミュニケーションをとること
ができます。

📖📝メモ 会議で使用される
データ通信量

映像と音声を使用し、会議を行う際には、
通信環境によって自動的にデータ通信量が
設定されます。通信環境によっては十分に
利用できないことがあるため気を付けましょう。
なお、1時間あたりのデータ通信量は、
690〜810MBです。

📖📝メモ データ保存容量

無料版のMicrosoft Teamsでのファイルス
トレージの容量は、1ユーザーあたり2GBで
す。また、共有ストレージの全体容量は10
GBです。

会議

会議をワンクリックでかんたんに行ったり、会議のスケジューリン
グを行ったりすることができます。スケジューリングを行うことで、
事前に参加者へのリンクを共有することができ、便利です。

通話

Microsoft Teamsを利用しているメンバーどうしで音声通話ができ
ます。また、複数人と通話したり、ビデオ通話に切り替えたりする
こともできるので、ビデオ会議よりフランクに利用可能です。

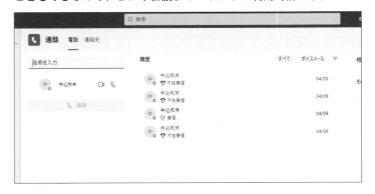

ファイル

メンバーどうしでファイルにアクセスしたり、共同作業をしたりで
きるようになります。「Dropbox」などのクラウドストレージの追加
もできるので、アプリケーションとの連携がおすすめです。

Section 06 プロフィールを編集しよう

参加者
ホスト

Microsoft Teams を利用するにあたり、まずは自分のプロフィールを整えましょう。名前やプロフィールアイコンをわかりやすいものに編集することで、コミュニケーションがとりやすくなります。ここでは、プロフィールアイコンに画像を設定する手順を解説します。

1 プロフィールアイコンを設定する

1 画面右上のプロフィールアイコンをクリックし、

2 プロフィールアイコンをクリックします。

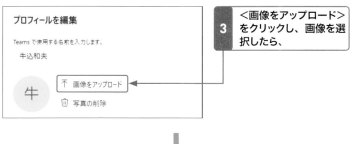

3 <画像をアップロード>をクリックし、画像を選択したら、

4 <保存>をクリックします。

 メモ プロフィールアイコンを初期状態に戻す

手順**3**の画面で<写真の削除>をクリックすると、設定した画像が削除され、初期状態のプロフィールアイコンに変更されます。

 ヒント 画像の選択方法

手順**3**の画面で<画像をアップロード>をクリックすると、エクスプローラーが開きます。画像の保存場所をクリックし、任意の画像をダブルクリックして選択します。

Section 07 参加者 ホスト 在席状況を変更しよう

覚えておきたいキーワード
- ☑ プロフィールアイコン
- ☑ 在席状況
- ☑ ステータスメッセージ

在席状況を変更することで、チャットや通話が可能かどうかなどの現在の自分の状況をメンバーに知らせることができます。ここでは、在席状況の種類や在席状況を変更する手順について解説します。

1 在席状況を変更する

メモ 自動切り換え

在席状況は手動で設定することができますが、「連絡可能」としたまま、キーボードやマウスの操作が5分間行われない場合には、自動的に「一時退席中」と表示が切り替わります。

メモ 退席中のメッセージ

退席中に設定している場合や自動で変更された場合でも、メッセージは受信可能です。

メモ アクティビティに関する通知

プロフィールアイコンをクリックし、<設定>→<通知>の順にクリックすると、不在時のアクティビティを通知するメールの設定を行うことができます。

1 画面右上のプロフィールアイコンをクリックし、

株式会社技術評論社

2 在席状況（ここでは<連絡可能>）をクリックします。

Microsoft Teams free
牛込和夫
連絡可能 ∨ ステータス メッセージ...

3 変更したい在席状況（ここでは<応答不可>）をクリックすると、

Microsoft Teams free
牛込和夫
連絡可能 ∨ ステータス メッセージ...

- ● 連絡可能
- ● 取り込み中
- ● 応答不可
- 🕐 一時退席中
- 🕐 退席中表示
- ⊘ オフライン表示

4 プロフィールアイコンに在席状況が反映されます。

株式会社技術評論社

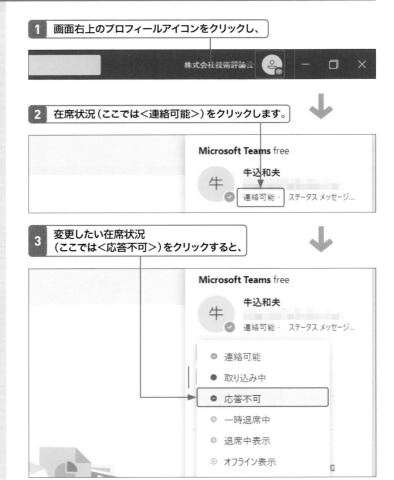

第2章

チャネルに参加しよう

参加者
ホスト

チャネルに参加しよう

覚えておきたいキーワード
☑ チャネル
☑ チームリスト
☑ ワークスペース

チャネルに参加することで、チャネル専用のワークスペースが表示されます。ワークスペースは、メンバーとメッセージのやりとりをはじめとしたコミュニケーションの場です。チームリストに表示し、チャネルに参加しましょう。

1 チャネルをチームリストに表示する

📖メモ **チャネルの初期設定**

作成されたチャネルの初期設定では、チャネルが「非表示」に設定されている場合が多いです。表示することで、チャネルのワークスペースにすばやくアクセスできます。

📖メモ **チャネルにメンバーを追加する**

チャネル名にマウスポインターを合わせ、…→<メンバーを追加>の順にクリックし、メンバーのIDまたはメールアドレスを入力して検索します。検索結果に表示されたメンバーをクリックして選択し、<追加>をクリックすると、追加されます。チームにメンバーを招待する場合のような招待メールはありません。

💡ヒント **チャネルを非表示にする**

表示しているチャネルを非表示にしたい場合は、チャネル名にマウスポインターを合わせ、…→<非表示>の順にクリックすると、非表示に設定されます。

1 メニューバーの<チーム>をクリックし、

2 参加するチャネルがあるチーム名をクリックして、

3 チャネル名または<○件の非表示のチャネル>をクリックします。

4 チャネル名にマウスポインターを合わせ、

5 <表示>をクリックすると、

6 参加するチャネルがチームリストに表示されます。

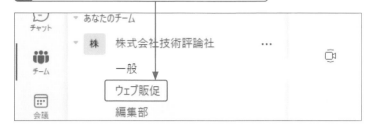

2 チャネルのワークスペースを表示する

1 チャネル名をクリックすると、

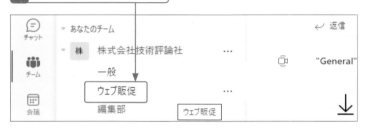

📖✏️メモ **コミュニケーションを とる**

ワークスペースでは、メンバーに向けてメッセージを送信したり、ファイルを共有したりすることができます。

2 ワークスペースが表示されます。

3 画面右上の①をクリックすると、メンバーなどのチャネル情報を確認できます。

📖✏️メモ **会議を開始する**

ワークスペース右上の<会議>をクリックすると、チャネルのメンバーと会議を行うことができます。メンバーもしくは自分が会議を開始すると、ワークスペースに通知されます。

Section 09

参加者
ホスト

メッセージを
送信・返信しよう

チャネルに参加しているメンバーにワークスペースからメッセージを送信できます。送信したメッセージには、青いバーが表示されます。ここでは、メンバーからのメッセージに返信する手順もあわせて解説します。

覚えておきたいキーワード
☑ メッセージ
☑ 送信
☑ 返信

Teams 第2章 チャネルに参加しよう

1 メッセージを送信する

ヒント メッセージの送信相手

手順 **1**〜**3** のように、メッセージを送信すると、チャネルのメンバー全員へ送信されます。また、手順 **2** の画面で「@」を入力し、メンバーをクリックして選択することで、特定のメンバーに向けたメッセージとして表示されます。

メモ 重要なメッセージをピン留めする

メッセージによる会話の進行にともなって、重要なメッセージが流れてしまうことがないように、ピン留め機能を利用しましょう。ピン留めされたメッセージは、チャネルのワークスペースを表示するたびに中央部分に表示されます。メッセージにマウスポインターを合わせ、… →＜ピン留めする＞→＜ピン留め＞の順にクリックします。なお、ピン留めされたメッセージは、チャネルのメンバー全員のワークスペースでも反映されます。

1 ワークスペースにある＜新しい投稿＞をクリックします。

☑ 新しい投稿

2 テキストボックスにメッセージを入力し、 **3** ▷をクリックすると、

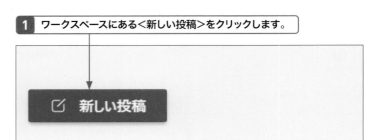

牛込和夫 さんがチャネル名を 第1編集部 から 編集部 に変更しました。

企画会議の検討結果を報告いたします。

4 メッセージが送信されます。

牛込和夫 さんがチャネル名を 第1編集部 から 編集部 に変更しました。

牛込和夫 15:33
企画会議の検討結果を報告いたします。

返信

180

2 メッセージに返信する

1 返信したいメッセージにある＜返信＞をクリックします。

2 テキストボックスにメッセージを入力し、

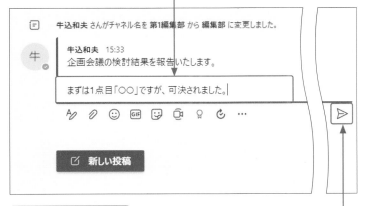

3 ▷をクリックすると、

4 返信メッセージが送信されます。

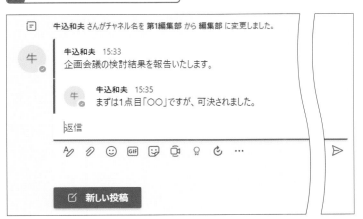

メモ メッセージにリアクションする

多くのSNSアプリと同様に、相手のメッセージに対して、「いいね!」などのリアクションを送信することができます。相手から送信されたメッセージにマウスポインターを合わせると、「いいね!」を含めた6種類のアイコンが表示されるので、クリックしてリアクションします。

メモ 通知を設定する

チャットやチャネルで新しいメッセージが送信されたり、自分宛にメッセージが送信されたりした場合に、バナーやメールなどで通知することができます。プロフィールアイコンをクリックし、＜設定＞→＜通知＞の順にクリックし、各項目の＜編集＞をクリックすると、詳細な通知方法を設定できます。

メモ メッセージを未読にする

会話の途中で退席せざるをえない場合や改めてメッセージを確認したい場合は、未読機能を利用しましょう。メッセージにマウスポインターを合わせ、…→＜未読にする＞の順にクリックすると、未読に設定されたメッセージの上部に「最後の既読」と表示されます。

送信したメッセージを編集しよう

覚えておきたいキーワード
- ☑ メッセージ
- ☑ 編集
- ☑ 送信済み

送信したメッセージを編集したり、削除したりすることが可能です。編集し、再送信したメッセージには「編集済み」と表示されます。また、送信したメッセージを誤って削除してしまった場合には、削除を取り消すこともできます。

1 メッセージを編集する

 メモ　メッセージを削除する

手順 3 の画面で＜削除＞をクリックすると、メッセージが削除されます。なお、＜元に戻す＞をクリックすると、削除が取り消されます。

> 🗑 このメッセージは削除されました。 元に戻す
> ← 返信

1 送信済みのメッセージにマウスポインターを合わせ、

2 …をクリックし、

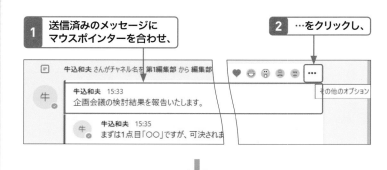

3 ＜編集＞をクリックします。

> 🔖 このメッセージを保存する
> ✏ 編集
> 🗑 削除
> 👓 未読にする

ヒント　編集済みのメッセージ

送信されたメッセージを編集すると、以下のように表示されます。

> 牛込和夫　15:33 [編集済み]
> 本日開催された企画会議の検討結

4 テキストボックスのメッセージを編集し、

ヒント　編集をキャンセルする

手順 4 の画面で×→＜破棄＞の順にクリックすると、メッセージの編集をキャンセルできます。

5 をクリックします。

Section 11

参加者
ホスト

メッセージに書式を設定しよう

覚えておきたいキーワード
☑ 文字装飾
☑ 見出し
☑ 箇条書き

長文のメッセージを送信する場合には、書式を利用すると読みやすくなります。ハイライトや太字を使用してメッセージを目立たせたり、絵文字やGIF画像を組み合わせたりして、送信してみましょう。

1 書式を設定する

1 テキストボックス下部のをクリックし、

← 返信

新しい会話を開始します。@ を入力して、誰かにメンションしてください。

B I U S 𝗔 𝗔 AA

2 書式をクリックして選択します。

B I U S ∀ 𝗔 AA 段落 ∨ A̶ </> ···

件名を追加

新しい会話を開始します。@ を入力して、誰かにメンションしてください

A̲ 𝒪 ☺ GIF 🙂 ♀ ᕙ ··· ▷
作成ボックスを折りたたむ

3 件名や本文を入力したら、 **4** ▷をクリックして送信します。

☑ 新しい投稿 ∨   全員が返信できる ∨   複数のチャネルに投稿   🗑

B I U S ∀ 𝗔 AA 段落 ∨ A̶ ⟊ ⟊ ☰ ☰ 99 ⊖ </>

重要！メールサーバの移行

明日メールサーバの移行作業を行います。作業時間は9:00～13:00を予定しています。

 𝒪 ☺ GIF 🙂 ♀ ᕙ ···   ▷

📖✎メモ メッセージを装飾する

手順**1**の画面で☺をクリックすると絵文字、GIFクリックするとGIF画像、🙂をクリックするとステッカーを送信できます。

📖✎メモ メッセージを装飾する

設定可能な書式の一部を紹介します。
・太字
　文字を通常より一回り太く見せる機能です
・取り消し線
　文字をそのまま残した状態で線を引く機能です
・テキストのハイライトカラー
　文字の背景を蛍光ペンで強調して色付けできる機能です
・段落
　文章の区切りを付けるための機能です

📖✎メモ 複数のチャネルに投稿する

手順**3**～**4**の画面で＜複数のチャネルに投稿＞→＜チャネルを選択＞の順にクリックします。投稿するチャネルをクリックして選択し、＜更新＞をクリックすると、送信先のチャネルを複数設定できます。

Section 12

参加者
ホスト

メッセージに ファイルを添付しよう

覚えておきたいキーワード
☑ ファイル添付
☑ ファイル共有
☑ ファイル一覧表示

メッセージの送受信だけではなく、ファイルもメンバーに送信して共有することができます。送信されたファイルは画面上部の<ファイル>からすべて確認することができます。

1 ファイルを添付する

📖メモ **ファイルの送信方法**

ファイルの送信方法は一般的なアップロードに加え、2種類あります。「チームとチャネルを参照」はチームに既に保管されているファイルへのリンクを送信し、「OneDrive」はファイルのコピーを送信します。

1 メッセージ入力画面でテキストボックス下部の 🖉 をクリックし、

サーバの移行作業の詳細は添付のテキストをご確認くださ

🅰 🖉 ☺ GIF 😊 🏅 🕒 … ▷

2 ファイルの保存場所 (ここでは<コンピューターからアップロード>) をクリックして指定します。

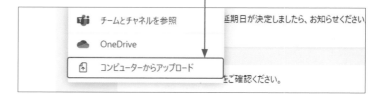

🏢 チームとチャネルを参照
☁ OneDrive
🗂 コンピューターからアップロード

延期日が決定しましたら、お知らせください

をご確認ください。

3 ファイルをクリックして、

名前	更新日時	種類	サイズ
📊 プレゼン資料	2020/11/20 13:17	Microsoft PowerP...	319
📊 ミーティング資料	2020/11/20 13:15	Microsoft PowerP...	27,598
📄 定例報告会資料	2020/11/20 13:22	PDF-XChange Vie...	3,634

名(N): 定例報告会資料 ∨ All Files (*.*) ∨

開く(O) キャンセル

📖メモ **添付できるファイル数**

1メッセージにつき、添付できるファイル数は10個までです。これ以上のファイルを添付する場合は、複数回に分けて添付して送信するか、ワークスペース上部の「ファイル」に直接アップロードしましょう。

4 <開く>をクリックします。

5 ファイルのアップロードが開始されます。

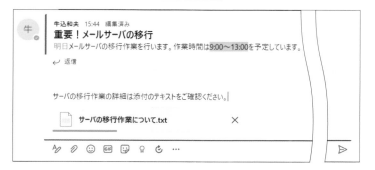

6 アップロードが完了したら▷をクリックします。

7 メッセージにファイルが添付され、送信されます。

8 ワークスペース上部の<ファイル>をクリックすると、

9 送信されたファイルの一覧が表示されます。

メモ　大容量のファイルを送信する

大容量のファイルを送信する場合には、時間がかかったり、エラーが発生したりすることがあります。ファイル保存先のリンクを共有したり、外部サービスを活用したりするなどの工夫をしましょう。

メモ　ファイルの送信をキャンセルする

ファイルのアップロード中やメッセージ送信前にファイルを削除する場合には、ファイル名の右の×をクリックして削除します。メッセージ送信後にファイルを削除する場合には、ファイルを添付したメッセージの編集画面を表示し、ファイル名の右の×をクリックして削除します。

自動起動を切り替えよう

覚えておきたいキーワード
- ☑ 自動起動
- ☑ 手動
- ☑ 初期設定

デスクトップ版の初期設定では、パソコンを起動するとMicrosoft Teams が自動的に起動されます。任意のタイミングで起動したい場合には、自動起動をオフにしましょう。

1 自動起動をオフにする

📖✍ メモ　テーマを変更する

手順 3 の画面では、画面のテーマを変更することもできます。テーマとは、画面の配色やコントラストを指します。画面が見やすくなるように変更してみましょう。

1 画面右上のプロフィールアイコンをクリックして、

2 <設定>をクリックし、

🔖 保存済み

⚙️ 設定

ズーム　　　　　　　　　　— 　(100%)　+　⊡

3 <アプリケーションの自動起動>をクリックして、チェックを外します。

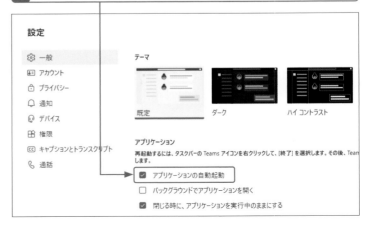

設定

- ⚙️ 一般
- 🆔 アカウント
- 🔒 プライバシー
- 🔔 通知
- 🎧 デバイス
- ⊞ 権限
- 🆑 キャプションとトランスクリプト
- 📞 通話

テーマ

既定　　　　ダーク　　　　ハイコントラスト

アプリケーション

再起動するには、タスクバーの Teams アイコンを右クリックして、[終了] を選択します。その後、Teams します。

☑ アプリケーションの自動起動
☐ バックグラウンドでアプリケーションを開く
☑ 閉じる時に、アプリケーションを実行中のままにする

Chapter 03

第3章

ビデオ会議を利用しよう

ビデオ会議について知ろう

Teamsでは、テキストのやりとりだけではなく、顔を見合わせたビデオ会議をすることもできます。テレワークが進んでいる現在、離れた場所にいても会話できるビデオ会議は、業務を円滑に進めるうえで欠かせません。

覚えておきたいキーワード
☑ ビデオ会議
☑ コミュニケーション
☑ 便利機能

1 円滑なコミュニケーションを図るための便利な機能が満載

📖メモ **無料版と有料版の違い**

Microsoft Teamsには無料版と有料版があります。無料版でもビデオ会議をしたり背景をぼかしたりすることはできますが、会議の予約ができないなど、一部機能が使えません。

Microsoft Teamsのビデオ会議を利用すれば、互いに顔を見ながらコミュニケーションを取ることができます。パソコンにカメラとマイクが付いていれば、誰でも手軽にビデオ会議を始められます。1対1はもちろん、複数人でビデオ会議することもできます。会議に参加できるユーザーは最大300人で、最大49人分の映像が同時に表示されるので、テレワークなどで遠隔にいる人とコミュニケーションする際にも役立ちます。
ビデオ会議にはさまざまな便利機能が備わっています。

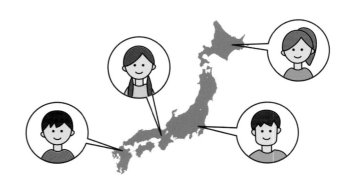

📖メモ **補助デバイス**

パソコンにカメラやマイクが内蔵されていない場合は、Webカメラやヘッドセットを別途接続しましょう。また、内蔵されているカメラやマイクを使用すると、画質の乱れやノイズなどが発生することがあります。

チャット

ビデオ会議中でもチャットでやりとりすることができます。Webサイトの URL やファイルを送ったりすることができるので、情報をすばやく伝達することができます。重要な情報はテキストで送って、情報を正確に伝えましょう。

会議をスケジュールする

会議はすぐに開催することもできますが、スケジュールしてあとで開催することもできます。スケジュールした会議のリンクをコピーすれば、ほかのユーザーとも共有することができます。

バーチャル背景

ビデオ会議中は背景が映ってしまいますが、プライバシーに配慮して、バーチャル背景を設定できるようになっています。デフォルトで用意されているもののほかに、自分の好きな背景画像をアップロードして設定することもできます。自宅の様子を見られたくない場合はもちろん、雰囲気を変えたい場合などに活用することもできます。

画面共有

会議中に、自分が開いている画面をほかのユーザーと共有することができます。同じ資料を見ながら話し合えるため、会議もスムーズに進めることができます。操作の一連の流れを説明するときなど、テキストや会話だけでは伝えにくい場合に利用すれば、情報共有もしやすくなります。

ホワイトボード

ホワイトボードを利用すれば、会議中にユーザーが自由にペンで文字や図形を書いたり消したりすることができます。言葉だけでは伝わりにくいことも、ホワイトボードを活用すれば、互いの認識合わせに役立ちます。ディスカッションなど、イメージを共有したいときにも便利です。

ミュート

自宅でビデオ会議するときなどは、玄関のインターホンが鳴ったり、雑音が混じったりする心配がありますが、マイクをミュートすることで、音声をオフにすることができます。大勢が参加する会議などでは、不要な音声が出ないように、ミュート機能を活用すると便利です。ただし、ミュートしたままでは自分の音声が聞こえない状態なので、話すときはきちんと解除しておきましょう。

レコーディング

レコーディング機能を利用すれば、会議中の音声と映像を録画して保存することができます。議事録として残せるだけでなく、会議に参加できなかったユーザーがあとから内容を確認できるため、情報共有する際に役立ちます。録画データはダウンロードできるので、会議に参加したユーザーでも内容を振り返ることができます。なお、レコーディングできるユーザーは、会議の主催者あるいは同じ組織のユーザーのみです。

メモ ライブイベント機能

大人数のユーザーが参加できる「ライブイベント」機能も備わっています。同時に参加できるユーザーは最大10,000人のため、大規模なセミナーやイベントを開催するときに活用できます。ただし、ライブイベントは双方向のコミュニケーションではなく、主催者側からの配信のみです。

Teams

第3章 ビデオ会議を利用しよう

メモ 通信環境

テキストのみのやりとりであれば、通信環境に大きく左右されず利用することができます。しかし、ファイルのアップロードやダウンロード、会議を行う際には、膨大な通信量と高速な通信回線が必要になります。

15 ビデオ会議に参加しよう

覚えておきたいキーワード
- ☑ ビデオ会議
- ☑ メンバーを確認
- ☑ 会議のオプション設定

ビデオ会議に参加して、チーム内のメンバーとコミュニケーションをとってみましょう。メールなどのリンクから参加する方法もありますが、ここでは着信から会議に参加する方法を紹介します。

1 着信からビデオ会議に参加する

📝 **メモ** ビデオ会議を始める

ビデオ会議を始めたいときは、メニューバーから<会議>をクリックし、<今すぐ会議>をクリックします。なお、ワークスペース右上の<会議>をクリックすることでも、会議を始めることができます。

💡 **ヒント** カメラとマイクの
オン・オフを切り替える

手順2の画面で はカメラ、🎤はマイクを指します。それぞれのアイコンの右の⬤をクリックして⬤にすると、オンからオフに切り替わります。

1 ビデオ会議が始まるとワークスペースに表示されるので、<参加>をクリックします。

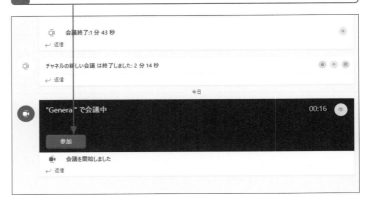

2 <今すぐ参加>をクリックします。

| 3 | ビデオ会議が始まります。 | 4 | をクリックすると、 |

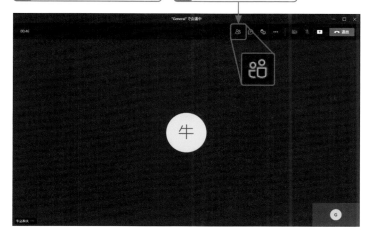

| 5 | ビデオ会議に参加しているメンバーを確認できます。 |

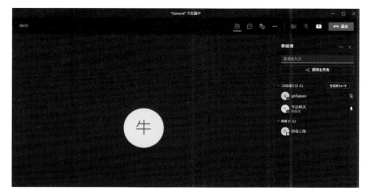

メモ 複数人での会議画面

複数人がビデオ会議に参加している場合は、手順**5**の画面が分割されて、表示されます。なお、表示される最大人数は9人です。

| 6 | をクリックすると、会議のオプションを設定したり、背景をぼかしたりすることができます。 |

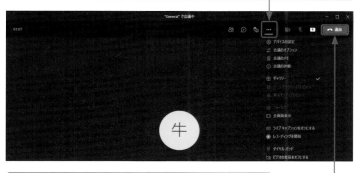

ヒント メンバーの設定

手順**3**の画面で、画面左下に表示されているメンバーのをクリックすると、メンバーを個別にミュートしたり、ピン留めしたりするなどの操作が行えます。

| 7 | <退出>をクリックすると、ビデオ会議が終了します。 |

191

Section 16

参加者
ホスト

組織外のメンバーとして
会議に参加しよう

覚えておきたいキーワード
- ☑ 組織外のメンバー
- ☑ ビデオ会議
- ☑ 参加

外部の人とビデオ会議することもできます。招待メールが届いたら、メール内
のリンクからゲストとして参加しましょう。デスクトップ版であれば、さまざ
まな機能を利用できます。

1 組織外のメンバーとして参加する

ヒント **会議への参加方法**

手順2の画面で<このブラウザーで続ける>
をクリックすると、ブラウザ版でビデオ会議を
することができます。なお、ブラウザ版はデ
スクトップ版とは異なり、使える機能に限りが
あります。

1 メールボックスからメール内のリンクをクリックします。

菊池さん

お疲れ様です。
会議のリンクを共有いたしますので、ご参加いただければと思います。

https://teams.microsoft.com/l/meetup-join/19%3Ameeting_Yjk1NThhYzMtNDE3NC00MDljLWI3Yz
ctYmM4ZDMyOTI0YWQz%40thread.v2/0?context=%7B%22Tid%22%3A%22157006a8-5cc6-4335-8c11-
59befc6923fe%22%2C%22Oid%22%3A%225939d1ce-72ce-4150-b030-e8d932a556d3%22%7D

よろしくお願いいたします。

川瀬

↩ 返信　　➡ 転送

2 <Teamsアプリを開く>→<Microsoft Teamsを開く>
の順にクリックします。

どの方法で Teams 会議に参加
しますか?

Windows アプリをダウンロードする
最適な操作性を実現するには、デスクトップ アプリを
使用してください。

このブラウザーで続ける
ダウンロードもインストールも必要ありません。

Teams アプリを開く
お持ちの場合はすでに会議に移動してください。

ヒント **Teams アプリ**

手順2の画面の<Teams アプリを開く>と
は、デスクトップ版Microsoft Teamsを起
動することを指します。

3 <今すぐ参加>をクリックします。

メモ　**ロビーで待機**

組織外のメンバーを招待すると、相手がビデオ会議に参加した際に、主催者のもとにロビーで待機している旨の通知が届きます。主催者が参加を承認すると、ビデオ会議に参加できるようになります。参加を承認する操作手順は、Sec.45を参照してください。

4 相手に参加依頼が通知されるので、承認されるまで待機します。

会議の参加者がまもなくあなたを招待します

5 相手が承認すると、ビデオ会議に参加できます。

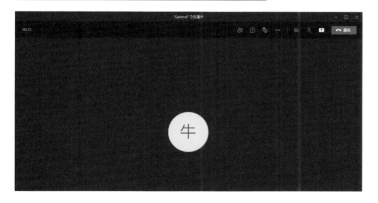

メモ　**モバイル端末で参加する**

モバイル端末のブラウザからは会議に参加することができません。アプリをインストールする必要があります。インストールの操作手順は、Sec.63を参照してください。

ビデオ会議の基本画面を確認しよう

覚えておきたいキーワード
☑ ビデオ会議
☑ 画面構成
☑ 基本画面

ビデオ会議をスムーズに行うために、画面構成を確認しておきましょう、基本的には上部のメニューから操作を行います。真ん中にはメンバーの顔が表示され、右下に自分の顔が表示されます。

1 ビデオ会議の画面構成

📖✏️メモ **ビデオ会議の経過時間**

ビデオ会議の経過時間は、画面左上で確認することができます。

01:12

ビデオ会議の画面構成は以下のとおりです。

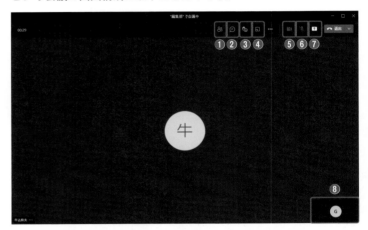

		説明
❶		ビデオ会議に参加しているメンバーを確認したり、メンバーを招待したりすることができます
❷		ビデオ会議に参加しているメンバーとチャットができます
❸		質問したいときなどに手を挙げて意思表示することができます
❹		設定や画面表示の操作が行えます。レコーディングの開始もここから行います
❺		カメラのオン・オフを切り替えることができます
❻		マイクのオン・オフを切り替えることができます
❼		パソコン上の画面をメンバーと共有することができます
❽		相手に表示されている自分の映像が表示されます

📖✏️メモ **ビデオ会議に参加しているメンバー**

ビデオ会議に参加しているメンバーは、画面左下に名前が表示されています。名前をクリックすると、メールアドレスなどを確認することができます。

牛込和夫

Teams
第3章 ビデオ会議を利用しよう

Section 18 [参加者] [ホスト] ビデオ会議を録画しよう

覚えておきたいキーワード
☑ ビデオ会議
☑ 録画
☑ ダウンロード

ビデオ会議は録画することができます。内容を振り返ったり、会議に参加できなかったメンバーがあとから確認したりすることができるので便利です。録画した内容はダウンロードすることもできます。

1 ビデオ会議を録画する

1 ビデオ会議中に、画面上部の■■■をクリックし、

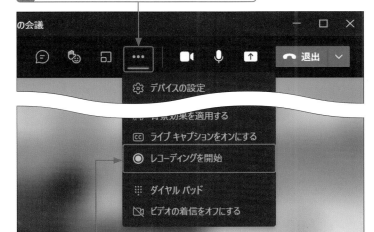

2 <レコーディングを開始>をクリックします。

3 録画が始まり、画面左上に録画を示す◎が表示されます。

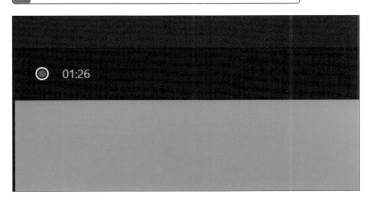

 録画を終了する

ビデオ会議を終了したいときは、画面上部の■■■をクリックし、<レコーディングを停止>→<レコーディングを停止>の順にクリックします。

 録画中の退出や会議終了

録画を開始したメンバーが退出したり、録画を終了する前に会議が終了したりした場合には、強制的に録画が終了されます。

 録画データをダウンロードする

ビデオ会議が終了するとワークスペースに表示されるので、<ダウンロード>をクリックしてダウンロードします。なお、ダウンロードの有効期限は20日間です。

195

Section 19 参加者 ホスト
カメラやマイクの
オン・オフを切り替えよう

覚えておきたいキーワード
☑ ビデオ会議
☑ カメラ
☑ マイク

カメラやマイクのオン・オフは自由に切り替えることができます。顔を映したくないときや、一時的にマイクをオフにしたいときなどに便利です。ここではビデオ会議前とビデオ会議中に切り替える方法を紹介します。

1 ビデオ会議前に切り替える

 ヒント **マイクのオン・オフを切り替える**

マイクをオフにしたいときは、手順**1**の画面で🎤の⬤をクリックして⬤にします。

1 ビデオ会議の画面を表示し、🎥の⬤をクリックして⬤にすると、

2 カメラがオフになります。

 ヒント **バーチャル背景を設定する**

手順**1**の画面で■をクリックすると、バーチャル背景を設定することができます。操作手順は、Sec.48を参照してください。

2 ビデオ会議中に切り替える

1 ビデオ会議中に、画面上部の■をクリックすると、

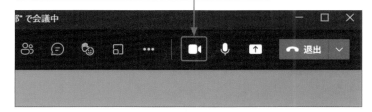

2 カメラがオフになり、ユーザーアイコンが表示されます。

3 手順**1**の画面で🎤をクリックすると、マイクがオフになります。

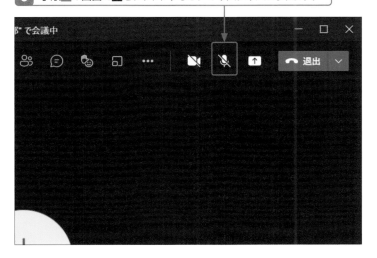

ヒント デバイスの設定

手順**1**の画面で・・・をクリックし、<デバイス
の設定>をクリックすると、カメラやマイクが
どのデバイスに接続されているかを確認する
ことができます。デバイスを変更したいときは、
プルダウンメニューから選択することで変更で
きます。

<table>
<tr><td>Section</td></tr>
</table>

Section 20

参加者
ホスト

ビデオ会議中に
チャットをしよう

覚えておきたいキーワード
☑ ビデオ会議
☑ チャット
☑ リアクション

ビデオ会議中にチャットでやりとりすることができます。Webサイトの URL
を送ったり、ファイルを共有したりしたいときに活用すると便利です。メッセー
ジにはリアクションを付けることもできます。

1 ビデオ会議中にチャットでメッセージを送る

💡ヒント **書式を変更する**

手順2の画面で🄰をクリックすると、書式を
変更できます。

💡ヒント **重要なメッセージを
送信する**

手順2の画面で❗をクリックし、<重要>を
クリックすると、重要マークが付いたメッセー
ジを送信できます。<緊急>をクリックすると、
2分間隔で20分間通知が送信されます。

💡ヒント **ファイルを送信する**

手順2の画面で📎をクリックすると、ファイル
を送信することができます。

💡ヒント **そのほかに
送信できるもの**

手順2の画面で😊をクリックすると絵文字
を、GIFをクリックするとGIF画像を、🖼をクリッ
クするとステッカーを送ることができます。

1 ビデオ会議中に、画面上部の💬をクリックします。

2 右側に「会議チャット」画面が表示されるので、メッセージを入力して、

3 ▷をクリックします。

4 メッセージが送信されます。

5 相手のメッセージにマウスポインターを合わせると、

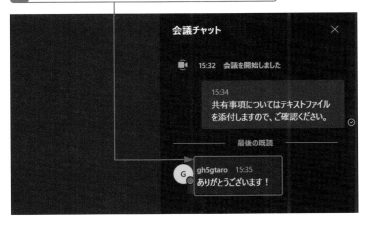

6 メッセージにリアクションを付けることができます。

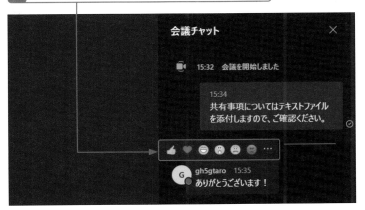

 ヒント メッセージを保存する

あとから確認が必要なメッセージや重要なメッセージは保存機能を利用すると便利です。保存したメッセージを確認する操作手順は、Sec.27を参照してください。

1 手順6の画面で **…** をクリックし、

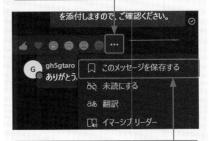

2 <このメッセージを保存する>をクリックすると、メッセージを保存できます。

 ヒント ビデオ会議中に
やりとりしたメッセージ

ビデオ会議中にやりとりしたメッセージは、ワークスペースにも残るようになっています。ビデオ会議会終了後のワークスペースを確認しましょう。

<table>
<tr><td>Section
21</td><td>参加者
ホスト</td></tr>
</table>

パソコンの画面を
共有しよう

覚えておきたいキーワード
☑ ビデオ会議
☑ 画面共有
☑ 音声共有

画面共有機能を利用すれば、ビデオ会議中のメンバーと画面を共有することができます。一連の操作の説明や同じ資料を見て話したいときに便利です。なお、共有している画面は権限を与えられたメンバーが操作することもできます。

1 パソコンの画面を共有する

📖 **メモ** 画面共有が可能な画面

画面共有が可能な画面は、Webブラウザだけではありません。自分のパソコンのデスクトップ画面のほか、起動中のウィンドウ画面やPowerPointの画面、パソコンやOneDriveから参照したファイルなどがあります。

1 ビデオ会議中に、画面上部の↑をクリックします。

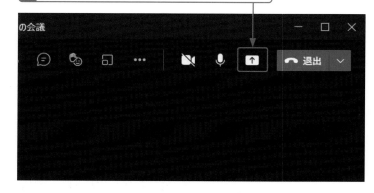

2 共有できる画面が表示されるので、共有したい画面をクリックします。

💡 **ヒント** パソコンの音を
共有する

手順**2**の画面で、「コンピューターサウンドを含む」をオンにすると、パソコン内の音声も共有することができます。映像を流すときなどはオンにしておくとよいでしょう。

3 画面が共有されます。

4 画面右下の🗙をクリックすると、画面共有が終了します。

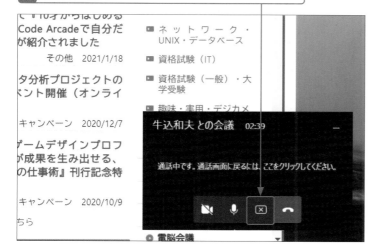

5 ビデオ会議の画面に戻ります。

 ヒント 制御を渡す

手順**3**の画面で、上部の<制御を渡す>を
クリックすると、画面操作の権限をほかのメ
ンバーに渡すことができ、権限を与えられたメ
ンバーが画面を操作できるようになります。

 メモ ホワイトボードの共有

会議中に自分の画面を共有するほかに、ホワ
イトボードを共有することができます。操作手
順は、Sec.22を参照してください。

 ヒント 画面共有を停止する

手順**4**の操作でも画面共有を停止できます
が、手順**3**の画面で、<発表を停止>をク
リックすることでも画面共有を終了できます。

Section 22

参加者
ホスト

共有できる
ホワイトボードを利用しよう

覚えておきたいキーワード
- ☑ ビデオ会議
- ☑ ホワイトボード
- ☑ ツール

ホワイトボードを利用すると、マウスやツールを使って書き込みが行えます。会議の内容をメモしたり、図を使ってイメージを共有したりしたいときに便利です。会議に参加しているメンバーであれば誰でも書き込みができます。

1 ホワイトボードを利用する

 ヒント　**ホワイトボードは録画できない**

会議を録画している場合は、ホワイトボードの内容は録画されません。

1 ビデオ会議中に、画面上部の⬆をクリックします。

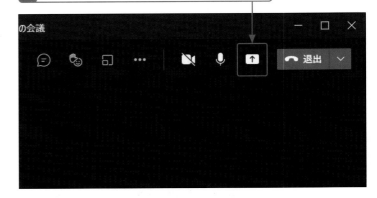

2 「ホワイトボード」の<Microsoft Whiteboard>をクリックすると、

3 ホワイトボードが表示されます。

4 ホワイトボードに書き込むと、ほかのメンバーにもリアルタイムで共有されます。

5 ● をクリックし、

6 ＜画像（PNG）をエクスポート＞をクリックすると、ホワイトボードの内容を画像として保存できます。

7 ＜発表を停止＞をクリックすると、ホワイトボードの共有が停止し、通常のビデオ会議に戻ります。

 ヒント ツールの種類

ホワイトボードにはさまざまなツールが用意されています。

❶パン／ズーム
❷黒のペン
❸赤のペン
❹緑のペン
❺青のペン
❻消しゴム
❼テキストの追加
❽メモを追加

 ヒント アプリで開く

手順 **3** の画面で＜アプリで開く＞をクリックすると、Teams内のホワイトボードではなく、Microsoft Whiteboardのデスクトップアプリを使用することができます。アプリを利用すると、画像の貼り付けなども行えます。

ヒント 内容を削除する

書き込んだ内容は消しゴムで消すこともできますが、削除したい内容をクリックして選択し、🗑 をクリックすることでも削除できます。

203

Section 23 参加者 ホスト

アイコンを利用して意思表示しよう

覚えておきたいキーワード
☑ ビデオ会議
☑ 手を挙げる
☑ 意思表示

ビデオ会議中に多数決を取りたいときや質問があるときなどは、手を挙げるアイコンを利用するとよいでしょう。大人数が参加する会議など、メンバーの意思表示に役立ちます。

1 ビデオ会議中に手を挙げる

 ヒント　手を下げる

をもう一度クリックすると、手を下げることができます。

1 ビデオ会議中に、画面上部のをクリックすると、手が挙がります。

2 メンバーが手を挙げると、メンバーの名前が表示されます。

 ヒント　メンバー一覧で確認する

誰が手を挙げているのかを確認したいときは、手順**1**の画面でをクリックします。ビデオ会議に参加しているメンバーの一覧が表示され、手を挙げたメンバーにアイコンが表示されます。

Chapter 04

第4章

メッセージやチャットの機能を活用しよう

特定のメンバーに メッセージを送信しよう

特定のメンバーにメッセージの送信やファイルの共有などを行いたい場合には、メンション機能を利用しましょう。特定のメンバー以外にも、チームやチャネルを指定することもできます。

1 メンションを設定する

💡 ヒント **メンション候補が 表示されない**

手順2の画面で「@」を入力しても送信相手の候補が表示されない場合は、相手名前の一部を入力すると、候補として表示されます。

1 メッセージ入力画面でテキストボックスをクリックし、

新しいメッセージの入力

2 「@」を入力すると、

@

3 送信相手の候補が表示されます。

候補

G gh5gtaro

🤖 ボットを取得

@

📝 メモ **複数のメンバーに メンションを設定する**

複数のメンバーにメンションを設定することもできます。P.207手順5の画面のように名前が挿入されたら、手順2〜P.207手順4の操作をくり返して設定します。

4 相手の名前をクリックすると、

5 名前が挿入されます。

6 テキストボックスにメッセージを入力し、

7 ▷をクリックすると、

8 メッセージが送信されます。

 メンバーを称賛する

テキストボックス下部の♀をクリックすると、称賛を示すバッジが表示されます。クリックして選択し、連絡先やメモを入力し、＜プレビュー＞→＜送信＞の順にクリックすると、バッジが送信されます。

 チームやチャネルのメンションを設定する

特定のチームやチャネルにメンションを設定することもできます。P.206手順**2**の画面のように「@」を入力し、メンションを設定したいチーム名やチャネル名を入力すると、候補が表示されるので、クリックして設定します。

 メンションを設定したメッセージ

メンションを設定したメッセージは以下のように相手に表示されます。また、メニューバーの最新情報にも通知が表示されます。

メンバーにビデオ通話を発信しよう

Microsoft Teams を利用しているメンバーどうしでビデオ通話や音声通話を利用できます。また、複数人と通話することや、音声通話とビデオ通話の切り替えもできるので、ビデオ会議よりフランクに利用してみましょう。

1 ビデオ通話を発信する

ヒント 複数人でビデオ通話を開始する

手順**3**〜P.209手順**4**の操作をくり返して、メンバーを追加し、手順**5**の画面に進みます。

メモ 短縮ダイヤル

特定のメンバーと頻繁に通話するのであれば、短縮ダイヤルを追加しておくと便利です。

1 手順**2**の画面で<短縮ダイヤル>→<短縮ダイヤルを追加>の順にクリックし、

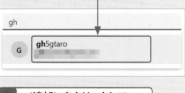

2 相手の名前あるいは電話番号を入力して候補をクリックしたら、

3 <追加>をクリックして短縮ダイヤルに追加します。

1 メニューバーの<通話>をクリックし、

2 <名前を入力>をクリックします。

3 相手の名前を入力して、

4 表示される候補から相手の名前をクリックしたら、

5 ■をクリックします。

6 発信画面が表示されます。

 メモ　ボイスメール

相手が発信に応答しない場合や「通話拒否」をした場合には、メッセージの録音案内が流れます。留守番電話と同様に、メッセージを録音すると、ボイスメールとして相手にメッセージが送信されます。

 ヒント　着信時の操作

着信時は以下のように表示されます。なお、■をクリックするとビデオ通話を開始、■をクリックすると音声通話を開始、■をクリックすると通話を拒否できます。

 メモ　音声通話を発信する

音声通話を発信する場合は、手順**5**の画面で■をクリックします。なお、ビデオ通話中に■をクリックすると、ビデオがオフになり、音声通話に切り替えることができます。

Section 26

参加者
ホスト

メッセージを検索しよう

覚えておきたいキーワード
☑ メッセージ
☑ 検索
☑ フィルター

過去のメッセージを確認したい場合には、検索機能が便利です。参加している
チームやチャネルのメッセージで使用されたキーワードやユーザー名、ファイ
ル名から検索することができます。

1 メッセージを検索する

💡 ヒント **検索履歴**

以前に検索したキーワードやコマンドがある
場合は、手順**1**の操作をすると、検索履歴
として表示されます。

1 画面上部の<検索>をクリックし、

Q 検索

株 **編集部** 投稿 ファイル Wiki ＋

2 キーワードを入力したら、

サーバ

Q サーバ すべての結果を表示するには Enter キーを押します

牛 手

3 Enter を押します。

4 検索結果が「メッセージ」、「ユーザー」、「ファイル」ごとに
表示されます。

📖 メモ **コマンドの入力**

手順**2**の画面でキーワードではなく、コマンド
を入力することで、さまざまな操作を行うこと
も可能です。

Teams
第**4**章
メッセージやチャットの機能を活用しよう

5 <メッセージ>をクリックし、

6 検索結果のメッセージをクリックすると、

7 ワークスペースに表示されます。

牛	牛込和夫 昨日 15:44 編集済み **重要！メールサーバの移行** 明日メールサーバの移行作業を行います。作業時間は9:00〜13:00を予定しています。 ↩ 返信

8 手順**5**の画面で<その他のフィルター>をクリックすると、さらに絞り込んで検索できます。

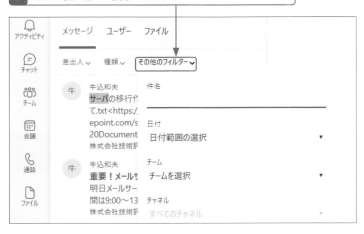

メモ **その他のフィルター**

その他のフィルターを利用すると、「件名」、「日付」、「チーム」、「チャネル」を絞って検索することができます。また、「私の@メンション」をクリックして選択すると、自分にメンションされたメッセージのみ表示されます。

件名
|

日付
日付範囲の選択 ▼

チーム
チームを選択 ▼

チャネル
すべてのチャネル ▼

☐ 私の @メンション

☐ 添付ファイルあり

フィルター　　クリア

メモ **チームあるいはチャネルをフィルターに設定する**

手順**5**の画面で<種類>をクリックし、<チーム>あるいは<チャネル>をクリックすると、フィルターが設定されます。なお、<すべて>をクリックすると、フィルターが解除されます。

Section 27

参加者
ホスト

メッセージを保存しよう

覚えておきたいキーワード
- ☑ メッセージ
- ☑ 保存
- ☑ プロフィールアイコン

あとから確認が必要なメッセージや重要なメッセージがある場合には、保存機能が便利です。なお、メッセージを保存すると、前後のやりとりも確認することができるので、活用しましょう。

1 メッセージを保存する

💡 ヒント **保存したメッセージが編集された**

保存したメッセージが編集された場合は、P.213手順**3**の画面に反映されません。P.213手順**4**の画面で確認する必要があります。

1 メッセージにマウスポインターを合わせ、

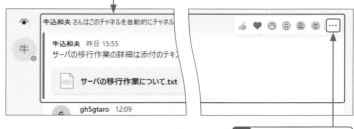

2 …をクリックします。

↓

3 <このメッセージを保存する>をクリックすると、

- 🔖 このメッセージを保存する
- ✏ 編集
- 🗑 削除
- 👓 未読にする
- 🔗 リンクをコピー
- あ 翻訳

↓

💡 ヒント **保存したメッセージが削除された**

保存したメッセージが削除された場合は、P.213手順**3**の画面に反映されません。メッセージをクリックすると、P.213手順**4**の画面上部に「このメッセージは削除されました。」と表示されます。

4 画面上部に「保存済み」と表示されます。

株式会社技術評論社

🔖 保存済み

Teams

第**4**章

メッセージやチャットの機能を活用しよう

2 保存済みのメッセージを確認する

1 プロフィールアイコンをクリックし、

株式会社技術評論社

2 ＜保存済み＞をクリックします。

Microsoft Teams free

牛込和夫

連絡可能　ステータス メッセージを設定

⇄ アカウントと組織

＋ 職場または学校アカウントの追加

□ 保存済み

⚙ 設定

ズーム　　　　　　　− (100%) ＋ ⬚

3 保存済みのメッセージをクリックすると、

アクティビティ

チャット

チーム

会議

保存済み　　　　　　　　　　　　　　株 編集部

牛 株式会社技術評論社/編集部
牛込和夫: サーバの移行作業の詳細は添付のテキ
ストをご確認ください。

牛 株式会社技術評論社/編集部
牛込和夫: 明日メールサーバの移行作業を行いま
す。作業時間は9:00〜13:00を予定しています。

4 ワークスペースに表示されます。

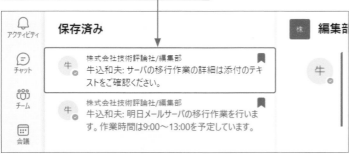

株 編集部　投稿　ファイル　Wiki　＋

牛 牛込和夫　昨日 15:44　編集済み
重要！メールサーバの移行
明日メールサーバの移行作業を行います。作業時間は9:00〜13:00を予定しています。
↩ 返信

📖✏メモ **メッセージの保存を取り消す**

手順**4**の画面で…をクリックし、＜このメッセージの保存を取り消す＞をクリックすると、メッセージの保存が取り消されます。

👍 ❤ 😄 😮 😢 😠 **…**

🔖 このメッセージの保存を取り消す

✏ 編集

🗑 削除

💡ヒント **自分が送信したメッセージを保存する**

自分が送信したメッセージも保存することができます。操作手順は、P.212手順**1**〜**4**と同様です。

アナウンスを送信しよう

チームやチャネルのメンバーへ緊急のお知らせや必読のお知らせがある場合には、アナウンス機能が便利です。大きな見出しとサブヘッドが挿入されるため、目につきやすいメッセージを送信することができます。

Teams

第

4

章

メッセージやチャットの機能を活用しよう

1 アナウンスを送信する

📖✍メモ **アナウンスに返信する**

通常のメッセージと同様に、アナウンスにも返信をすることができます。投稿されたアナウンス下部の<返信>をクリックすると、テキストを入力できます。

1 ワークスペース画面で<新しい投稿>をクリックし、

↩ 返信

🖉 新しい投稿

2 🖉 をクリックします。

↩ 返信

新しい会話を開始します。@ を入力して、誰かにメンションしてください。

A/ 🖉 ☺ GIF 🙂 💡 🕐 …

💡ヒント **アナウンスの作成を
キャンセルする**

手順**3**の画面で🗑→<破棄>の順にクリックすると、アナウンスの作成をキャンセルできます。

3 <新しい投稿>をクリックし、

🖉 新しい投稿 ∨   全員が返信できる ∨   🔗 複数のチャネルに   🗑

B *I* U̲ S̶ | ⧖ 🖊 AA   段落 ∨   🖊

件名を追加

新しい会話を開始します。@ を入力して、誰かにメンションしてくだ

4 <アナウンス>をクリックすると、

見出し入力画面右下にある■をクリックすると、背景色を変更できます。また、圏をクリックすると、背景画像を設定できます。

5 見出しとサブヘッドが挿入されます。

6 見出し、サブヘッド、本文を入力し、

7 ▷をクリックすると、

8 アナウンスが送信されます。

ヒント　**アナウンスを確認する**

アナウンスが全員に送信されると、アナウンスの右上に◒が表示されます。なお、アナウンスが特定のメンバーに向けた送信である場合は、相手の画面に◒ではなく◉が表示されます。また、最新情報にも通知が表示されます。

1対1でチャットをしよう

チームやチャネルのワークスペース内でのメッセージのやりとりのほかに、メンバーが個人間でプライベートチャットを行うことができます。なお、所属しているチームやチャネルに関係なく、メッセージを送信できます。

1 1対1でチャットをする

**メモ　メンション機能と
チャットの違い**

メンション機能は、チームやチャネルなど複数人で構成されているワークスペース内での個人間のやりとりに活用されます。一方で、チャットは完全に個人同士のやりとりが可能であり、ほかのメンバーにメッセージの内容などを閲覧されません。

1　メニューバーの＜チャット＞をクリックし、

2　画面上部の☑をクリックしたら、

3　相手の名前を入力します。

メモ　通話を発信する

チャット画面からビデオ通話や音声通話を発信することができます。チャット画面右上の■をクリックするとビデオ通話、■をクリックすると音声通話が発信されます。なお、複数人でチャットを行っている場合には、全員に発信されます。

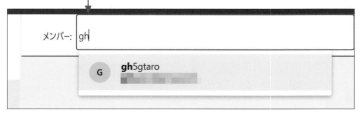

4 表示される候補から相手の名前をクリックし、

5 テキストボックスにメッセージを入力して、

6 ▷をクリックすると、

7 メッセージが送信されます。

8 「チャット」以外を操作中にチャットでメッセージを受信すると、数字アイコンが表示されます。

メモ　チャット画面でメンバーを追加する

手順**7**の画面で🏢→＜ユーザーの追加＞の順にクリックし、追加したい相手を検索して、＜追加＞をクリックすると、新たにメンバーを追加できます。

ヒント　メッセージのオプション

チームやチャネルのワークスペース内でのやりとりと同様に、メッセージの編集や削除、保存をしたり、絵文字でリアクションをしたりすることができます。

メモ　イマーシブリーダーを利用する

メッセージにマウスポインターを合わせ、…→＜イマーシブリーダー＞の順にクリックし、▶をクリックすると、メッセージを読み上げることができます。

グループで チャットをしよう

覚えておきたいキーワード
☑ チャット
☑ グループ
☑ ワークスペース外

チームやチャネルのワークスペース外でグループを作成し、メッセージのやりとりをしたい場合には、Sec.29と同様にチャット機能を利用しましょう。なお、1対1でのチャット画面で、メンバーを追加することも可能です。

Teams

第4章 メッセージやチャットの機能を活用しよう

1 グループチャットを作成する

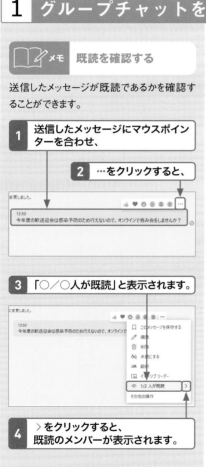

📖✍️メモ 既読を確認する

送信したメッセージが既読であるかを確認することができます。

1 送信したメッセージにマウスポインターを合わせ、

2 ⋯をクリックすると、

3 「○／○人が既読」と表示されます。

4 ＞をクリックすると、既読のメンバーが表示されます。

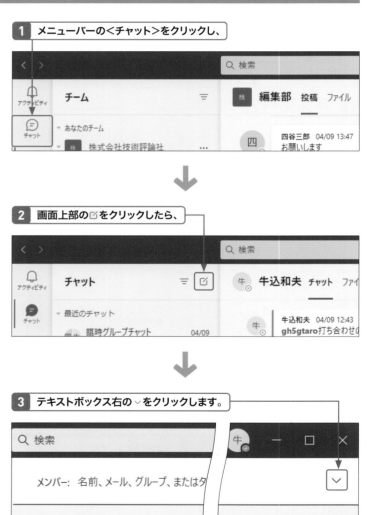

1 メニューバーの＜チャット＞をクリックし、

2 画面上部の🖉をクリックしたら、

3 テキストボックス右の∨をクリックします。

メンバー: 名前、メール、グループ、またはタ

4 「グループ名：」にグループ名を入力したら、

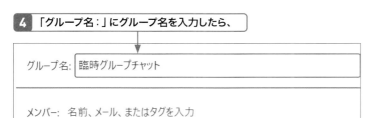

グループ名： 臨時グループチャット

メンバー： 名前、メール、またはタグを入力

5 「メンバー：」に追加したい相手の名前を入力し、

グループ名： 臨時グループチャット

メンバー： 四谷

四　**四谷三郎**

6 表示される候補から相手の名前をクリックします。

7 手順**5**〜**6**をくり返して複数の相手を追加したら、テキストボックスにメッセージを入力し、

今年度の歓送迎会は感染予防のため行えないので、オンラインで呑み会をしませんか？

♙ ！ 𝒪 ☺ GIF 🙂 ♟ ⟳ …

8 ▷をクリックすると、

9 メッセージが送信されます。

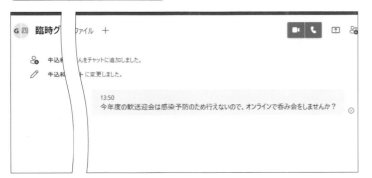

G 四 **臨時グ** ァイル ＋

🔲 牛込和　んをチャットに追加しました。
🔲 牛込和　ト に変更しました。

13:50
今年度の歓送迎会は感染予防のため行えないので、オンラインで呑み会をしませんか？

　グループ名を変更する

手順**9**の画面で✎をクリックし、グループ名を編集し、＜保存＞をクリックすると、グループ名が変更されます。

　**チャットから退出する**

手順**9**の画面で👥→＜退出＞→＜退出＞の順にクリックすると、チャットから退出できます。

31

参加者
ホスト

未読メッセージを
確認しよう

覚えておきたいキーワード
- ☑ メッセージ
- ☑ 未読
- ☑ フィルター機能

チームやチャネル、チャット機能でのメッセージの受信数が増えてくると、未読メッセージの確認が滞ってしまう場合があります。フィルター機能を利用することで、かんたんに未読メッセージを確認することが可能です。

1 フィルター機能で未読メッセージを確認する

ヒント　フィルター機能の種類

フィルター機能の種類には、未読のほかに、会議とミュート状態があります。手順 3 ～ 4 の画面でクリックすると、フィルターを設定して未読メッセージを確認できます。

1 メニューバーの<チャット>をクリックして、

2 ≡をクリックします。

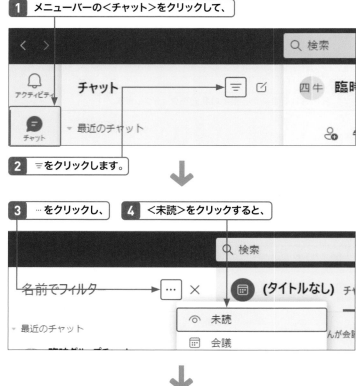

3 …をクリックし、　**4** <未読>をクリックすると、

5 未読のメッセージが表示されます。

Teams

第 **4** 章

メッセージやチャットの機能を活用しよう

Chapter 05

第5章

組織やチームメンバーを 管理しよう

組織にメンバーを追加しよう

覚えておきたいキーワード
- ☑ 組織
- ☑ メンバーを追加
- ☑ メールで送信

組織にメンバーを追加してみましょう。リンクを共有したり、メールで招待したりできるなど追加方法はさまざまです。なお、組織には最大50万人のメンバーが参加できます。

1 メールで招待状を送る

ヒント **メンバーの追加方法**

手順**2**の画面で<リンクのコピー>をクリックすると、任意のメールやアプリなどで共有できます。<連絡先を招待>をクリックすると、MicrosoftまたはGoogleの連絡先リストから選んで追加することができます。

1 「チーム」画面を表示し、<ユーザーを招待>をクリックしたら、

2 <メールで招待>をクリックします。

ヒント **保留中のリクエスト**

手順**2**の画面で<リンクのコピー>をクリックしてリンクを共有すると、招待したユーザーから参加リクエストが届きます。<保留中のリクエスト>をクリックすると参加リクエストの一覧が表示され、それぞれ承認または拒否できます。

3 招待したいメンバーのメールアドレスを入力し、

ユーザーを Teams の組織に参加するように招待します

追加したい人のメール アドレスを入力してください。

aaaaaaaa@sample.com	名前 (省略可能)
bbbbbbbb@sample.com	名前 (省略可能)
cccccccc@sample.com	名前 (省略可能)
dddddddd@sample.com	名前 (省略可能)

ユーザーを追加

閉じる　　招待状を送信

新しい投稿

4 ＜招待状を送信＞をクリックすると、メールが送信されます。

5 ＜閉じる＞をクリックします。

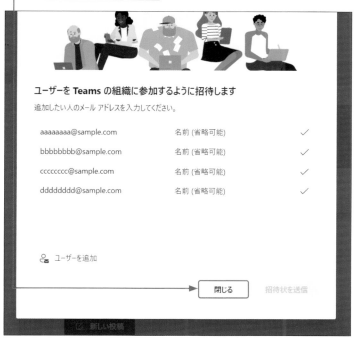

ユーザーを Teams の組織に参加するように招待します

追加したい人のメール アドレスを入力してください。

aaaaaaaa@sample.com	名前 (省略可能)	✓
bbbbbbbb@sample.com	名前 (省略可能)	✓
cccccccc@sample.com	名前 (省略可能)	✓
dddddddd@sample.com	名前 (省略可能)	✓

ユーザーを追加

閉じる　　招待状を送信

新しい投稿

ヒント　複数のメンバーに招待状を送信する

手順**3**の画面で追加したいメンバーのメールアドレスを複数入力すれば、複数のメンバーにまとめて招待状を送ることができます。＜ユーザーを追加＞をクリックすると、メールアドレスの入力欄を増やせます。

Section
32
組織にメンバーを追加しよう

Teams
第5章
組織やチームメンバーを管理しよう

223

33

参加者 ホスト

チームを作成しよう

覚えておきたいキーワード
- ☑ チームの作成
- ☑ プライベート
- ☑ パブリック

部署や進行中のプロジェクトごとにチームを作成すれば、情報共有もスムーズです。ほかのメンバーと共同作業するようなときは、チームを作成して円滑なコミュニケーションを図りましょう。

1 チームを作成する

ヒント 所属している組織やチームを確認する

手順**1**の画面で⚙をクリックすると、自分が所属している組織やチームを一覧で確認することができます。

メモ チームとチャネルの使い分け

チームは、課や部署、部門ごとに作成するほか、横断的なプロジェクトやイベントのメンバーで作成するとよいでしょう。チャネルは、チーム内のチャットの話題ごとに作成と管理をするために利用しましょう。

1 「チーム」画面を表示し、＜チームに参加、またはチームを作成＞をクリックしたら、

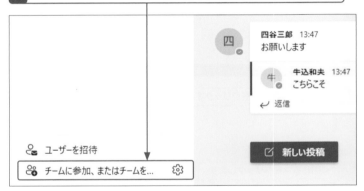

2 ＜チームを作成＞をクリックします。

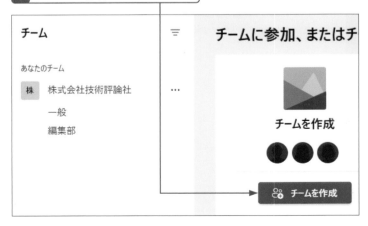

3 <最初から>をクリックし、

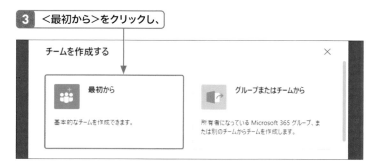

4 <プライベート>をクリックします。

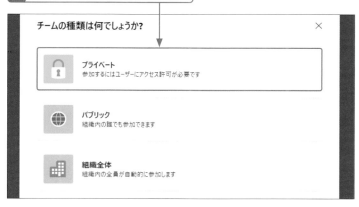

5 チーム名や説明を入力して、

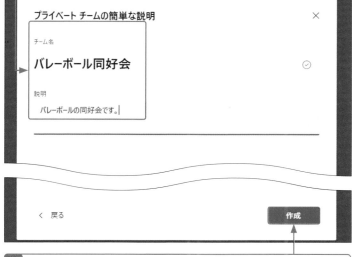

6 <作成>→<スキップ>の順にクリックすると、チームが作成されます。

34 チームのメンバーを 管理しよう

参加者　ホスト

> **覚えておきたいキーワード**
> ☑ **チーム**
> ☑ **メンバーの管理**
> ☑ **追加／削除**

チームの所有者は、チーム内のメンバーを管理することができます。ここでは メンバーを追加・削除する方法を紹介します。必要に応じて追加・削除を行い、 チーム内を整理しましょう。

1 メンバーを追加・削除する

ヒント　メンバーを追加する そのほかの方法

手順**2**の画面で＜メンバーを追加＞をクリックすると、手順**4**の画面が直接表示され、メンバーを追加することができます。

1 「チーム」画面を表示し、メンバーを管理したいチームの…をクリックして、

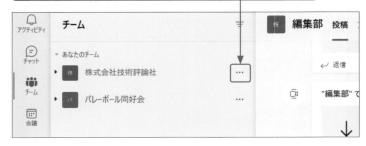

2 ＜チームを管理＞をクリックします。

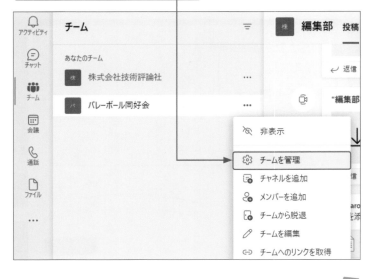

メモ　チームから脱退

管理しているチームから脱退する場合は、手順**2**の画面で＜チームから脱退＞をクリックします。なお、脱退時に所有者が自分1人の場合には、他のメンバーの役割を「所有者」に追加する必要があります。メンバーの役割の変更手順は、Sec.37を参照してください。

3 ＜メンバーを追加＞をクリックし、

バレ バレーボール同好会 …
バレーボールの同好会です。

⇔ チーム

メンバー　保留中の要求　チャネル　設定　分析　アプリ

メンバーを検索　　　Q

👥 メンバーを追加

▼ 所有者(1)
名前　　　　　役職　　　　　場所　　　　　タグ ⓘ　　　　　　　　役割

牛 牛込和夫　　　　　　　　　　　　　　　　　　　　　　所有者 ∨

▶ メンバーおよびゲスト(0)

4 追加したいメンバーのメールアドレスまたは名前を入力して、

バレーボール同好会にメンバーを追加

チームに追加するために名前、配布リスト、またはセキュリティ グループを入力してください。メールアドレスを入力することで、組織外のユーザーを追加することもできます。

四 四谷三郎 ×

追加

5 ＜追加＞をクリックすると、招待メールが届きます。

6 手順**3**の画面で＜メンバーおよびゲスト＞をクリックし、

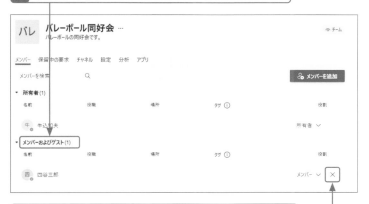

バレ バレーボール同好会 …
バレーボールの同好会です。

⇔ チーム

メンバー　保留中の要求　チャネル　設定　分析　アプリ

メンバーを検索　　　Q

👥 メンバーを追加

▼ 所有者(1)
名前　　　　　役職　　　　　場所　　　　　タグ ⓘ　　　　　　　　役割

牛 牛込和夫　　　　　　　　　　　　　　　　　　　　　　所有者 ∨

▼ メンバーおよびゲスト(1)
名前　　　　　役職　　　　　場所　　　　　タグ ⓘ　　　　　　　　役割

四 四谷三郎　　　　　　　　　　　　　　　　　　　　　　メンバー ∨ ✕

7 メンバーの✕をクリックすると、メンバーを削除できます。

227

Section 35

参加者
ホスト

組織のメンバーを
削除しよう

覚えておきたいキーワード
☑ 組織
☑ メンバーの削除
☑ 管理者

チームからメンバーを削除しても、組織にはメンバーとして存在しています。組織からも削除したいときは、プロフィールアイコンから行いましょう。なお、メンバーを削除できるのは組織の管理者のみです。

1 組織のメンバーを削除する

📝 メモ 組織のメンバーの削除権限

組織のメンバーは、組織の管理者のみしか削除することができません。管理者以外のメンバーも削除できるようにするには、有料版にアップグレードする必要があります。

1 画面右上のプロフィールアイコンをクリックし、

2 <組織を管理>をクリックします。

💡 ヒント アカウントの復元

組織のメンバーを削除後、30日後にアカウントやデータが完全に削除されます。削除したメンバーのアカウントを復元する場合は、完全に削除される前に再度、組織に追加しましょう。

Teams

第5章 組織やチームメンバーを管理しよう

228

3 削除したいメンバーの×をクリックし、

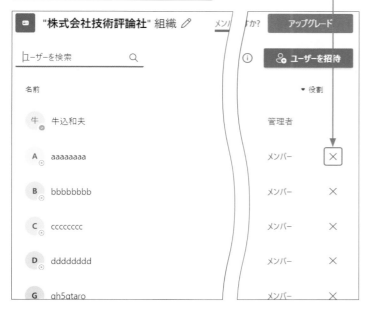

4 確認画面で<削除>をクリックすると、

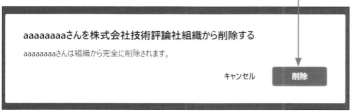

5 組織からメンバーが削除されます。

 ヒント 組織名を変更する

手順 **3** の画面で、組織名の横の🖉をクリックすると、組織名を変更することができます。

ヒント 組織の設定

手順 **3** の画面で<設定>をクリックすると、メンバーを招待できるユーザーを設定したり、組織の参加リンクを管理したりすることができます。

組織外のメンバーを チームに追加しよう

覚えておきたいキーワード
☑ 組織外のメンバー
☑ チームに追加
☑ ゲスト

組織外のユーザーと共同作業するようなときは、ゲストとしてチームに追加するとよいでしょう。メンバーに比べて使える機能に一部制限はあるものの、さまざまな機能を利用できます。

1 ゲストとして追加する

 メモ ゲストで使える機能

メンバーとは異なり、ゲストとして追加された場合は一部機能に制限があります。チャネルの作成やプライベートチャットへの参加、投稿されたメッセージの削除や編集などは行えますが、チャットのファイルを共有したり、チームを作成したりすることはできません。

1 「チーム」画面を表示し、メンバーを追加したいチームの…をクリックして、

2 <メンバーを追加>をクリックします。

3 追加したいユーザーのメールアドレスを入力し、

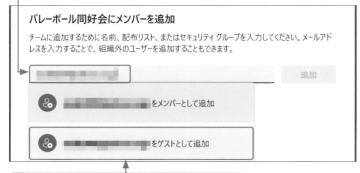

バレーボール同好会にメンバーを追加

チームに追加するために名前、配布リスト、またはセキュリティグループを入力してください。メールアドレスを入力することで、組織外のユーザーを追加することもできます。

[　　　　　　]　　　　　　　　　　　　　　　追加

〇〇をメンバーとして追加

〇〇をゲストとして追加

4 <〇〇（メールアドレス）をゲストとして追加>をクリックします。

 ヒント メンバーとして追加する

手順**4**の画面で<〇〇（メールアドレス）をメンバーとして追加>をクリックすると、メンバーとしてチームに追加できます。

5 <追加>をクリックすると、メールが送信されます。

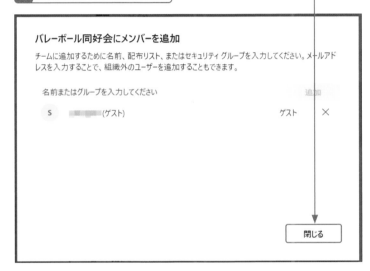

バレーボール同好会にメンバーを追加

チームに追加するために名前、配布リスト、またはセキュリティ グループを入力してください。メールアドレスを入力することで、組織外のユーザーを追加することもできます。

（ゲスト）✏ ✕ | 　　　　　　　　　　　　　　　　　追加

6 <閉じる>をクリックします。

バレーボール同好会にメンバーを追加

チームに追加するために名前、配布リスト、またはセキュリティ グループを入力してください。メールアドレスを入力することで、組織外のユーザーを追加することもできます。

名前またはグループを入力してください　　　　　　　　　　　　　　　　追加

S （ゲスト）　　　　　　　　　　　　　　　　　　　ゲスト　✕

閉じる

7 手順**1**の画面で<チームを管理>→<メンバーおよびゲスト>の順にクリックすると、ゲストとして追加されていることを確認できます。

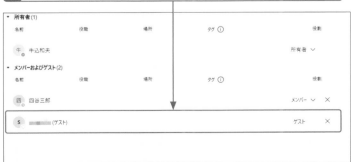

- 所有者 (1)

名前	役職	場所	タグ ⓘ	役割
牛 牛込和夫				所有者 ∨

- メンバーおよびゲスト (2)

名前	役職	場所	タグ ⓘ	役割
四 四谷三郎				メンバー ∨ ✕
S （ゲスト）				ゲスト ✕

🔆 ヒント チームの設定

手順**7**の画面で<設定>をクリックすると、アクセス許可できるメンバーをより細かく設定することができます。なお、この画面はチームの所有者にしか表示されません。

・ チームの画像	チームの画像を追加します
・ メンバー アクセス許可	チャネルの作成やアプリの追加などができます
・ ゲストのアクセス許可	チャネルの作成を有効にします
・ @メンション	@チームと@チャネルのメンションを使用できるユーザーを選択します
・ お楽しみツール	絵文字、ミーム、GIF、またはステッカーを許可します
・ タグ	タグを管理できるユーザーを選択

🔆 ヒント 送信されたメール

以下の内容のメールが送信されます。

チームのメンバーの役割を変更しよう

チームのメンバーには、「所有者」と「メンバー」の役割を割り当てることができます。所有者がいないときでもメンバーを追加できるよう、「所有者」は複数人に設定しておくと安心です。

1 メンバーを所有者に変更する

📖メモ **所有者とメンバーの役割**

所有者は、チームの作成や削除、チームの編集などを行えますが、メンバーにその権限はありません。ユーザーを新しく追加すると、最初は「メンバー」の権限で追加されます。このセクションを参考に、ほかのメンバーを所有者に設定しておくと、万一のときでも安心です。

1 「チーム」画面を表示し、チームの…をクリックして、

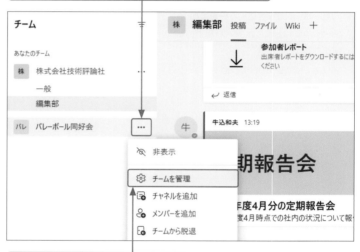

2 <チームを管理>をクリックします。

3 <メンバーおよびゲスト>をクリックします。

4 役割を変更したいメンバーの<メンバー>をクリックし、

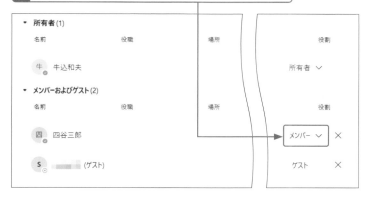

手順**3**の画面で、自分の名前の<所有者>をクリックし、<メンバー>をクリックすると、自分の役割を変更することができます。ただし、「所有者」が自分だけの場合は「メンバー」に変更することができません。ほかのユーザーを「所有者」に設定する必要があります。

5 <所有者>をクリックします。

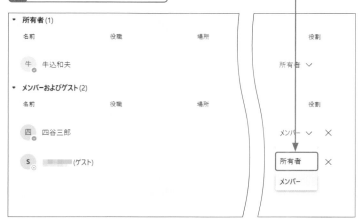

6 メンバーの役割が変更され、所有者と同じ機能を利用できるようになります。

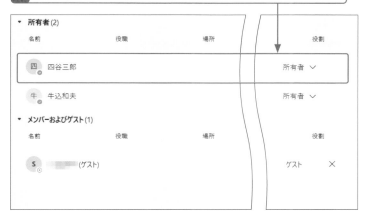

ヒント ゲストの役割

ゲストとしてチームに参加しているメンバーの役割は、変更することができません。

Section **38** 参加者 ホスト

チャネルを作成しよう

覚えておきたいキーワード
- ☑ チャネル
- ☑ 標準チャネル
- ☑ プライベートチャネル

チャネルは、チーム内をさらに細かく分類したグループのようなものです。扱うトピックや案件などテーマごとに自由に作成できるため、チームも管理しやすくなります。

1 チャネルを作成する

📝メモ **一般 (General) チャネルとは**

一般 (General) とは、チーム作成時に自動で作成されるチャネルです。一般 (General) チャネルはチームに参加しているメンバー全員が閲覧したり、チャットでコミュニケーションを図ったりすることができるので、チーム全体に周知したいときに利用するとよいでしょう。

1 「チーム」画面を表示し、チャネルを作成したいチームの…をクリックして、

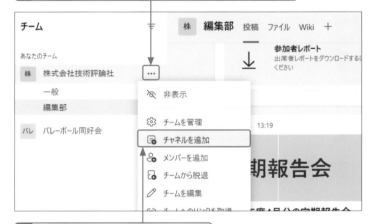

2 <チャネルを追加>をクリックします。

3 チャネル名と説明を入力し、

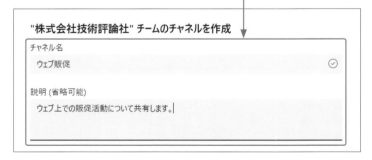

📝メモ **作成できるチャネルの数**

チームの所有者であれば、チームに対して1人最大10個のチャネルを作成することができます。なお、チャネルの上限数は削除したチャネルも含めて200個までです。

4 「プライバシー」のプルダウンメニューから＜標準 - チームの全員が
アクセスできます＞をクリックして、

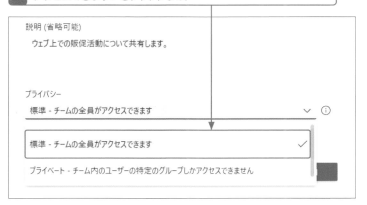

 メモ チャネルの種類

チャネルには、チームのメンバー全員に公開される「標準チャネル」と、チームの所有者が追加したメンバーにしか公開されない「プライベートチャネル」の2種類があります。チーム全体に共有したいときは標準チャネルを、特定のメンバーだけとやりとりしたいときはプライベートチャネルを利用するなど、用途に応じて使い分けるとよいでしょう。

5 ＜追加＞をクリックすると、

6 チャネルが作成されます。

 ヒント 自動的にチャネルを
表示する

チャネルの数が増えてくると、新しく作成したチャネルが自動的に非表示になってしまうことがあります。チャネルが埋もれてしまわないようにするには、手順**5**の画面で、＜すべてのユーザーのチャネルのリストでこのチャネルを自動的に表示します＞をクリックしてチェックを付けておきましょう。重要なチャネルであることを認識させたいときなどに活用できます。

235

チャネルの投稿設定を変更しよう

覚えておきたいキーワード
- ☑ チャネル
- ☑ 投稿設定
- ☑ 通知

チャネルは、投稿できるユーザーを制限することができます。また、投稿や返信などがあったときの通知も管理できるので、通知が煩わしいと感じたときは、設定を変更してみるとよいでしょう。

1 チャネルの投稿者を制限する

ヒント チャネルの通知

手順**2**の画面で＜チャネルの通知＞をクリックし、＜すべてのアクティビティ＞をクリックしてチェックを付けると、投稿や返信、メンションがあった際に通知されます。＜オフ＞をクリックすると、自分に対しての返信やメンションがあったときのみ通知されます。＜カスタム＞をクリックすると、投稿やメンションの通知をバナーとフィードに表示したり、フィードのみに表示したり、通知方法の設定ができます。

1 投稿設定をしたいチャネルの…をクリックし、

2 ＜チャネルを管理＞をクリックします。

3 「新しい投稿を開始できるのは誰ですか?」から、＜誰でも新規の投稿を開始できます＞または＜ゲスト以外のだれでも新規の投稿を開始できます＞をクリックします。

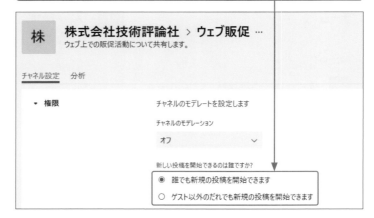

Teams

第**5**章

組織やチームメンバーを管理しよう

Section 40

参加者　ホスト

チャネルを 非表示・削除しよう

覚えておきたいキーワード
- ☑ チャネル
- ☑ 非表示
- ☑ 削除

チャネルを画面に表示させたくないときは、チャネルを非表示にしておきましょう。必要なときは再表示させることもできます。また、チャネルが不要になったときは削除して整理しましょう。

1 チャネルを非表示・削除する

1 非表示にしたいチャネルの…をクリックし、

あなたのチーム

| 株 | 株式会社技術評論社 | … |

一般

ウェブ販促　…

編集部

🔔 チャネルの通知　＞
✦ ピン留め
🙈 非表示
⚙ チャネルを管理
🔗 チャネルへのリンクを取得
✏ このチャネルを編集
🗑 このチャネルを削除

| バレ | バレーボール同好会 |

一般

2 ＜非表示＞をクリックすると、チャネルが非表示になります。

3 手順**2**の画面で＜このチャネルを削除＞→＜削除＞の順にクリックすると、チャネルを削除できます。

"株式会社技術評論社" チームから "ウェブ販促" チャネルを削除

チャネル "ウェブ販促" を本当に削除しますか？ すべての会話が削除されます。ファイルはまだここからアクセス可能です。

キャンセル　　**削除**

💡 **ヒント**　チャネルを再表示する

1 ＜○つ（非表示にしているチャネルの数）の非表示チャネル＞をクリックして非表示にしたチャネルをクリックし、

あなたのチーム

| 株 | 株式会社技術評論社 | … |

一般

ウェブ販促

１つの非表示チャネル

2 ＜表示＞をクリックすると、チャネルが表示されます。

💡 **ヒント**　チャネルを整理する

チャネル数が多い場合は、活発なやりとりがあるチャネルや重要なチャネルのみを表示し、不要なチャネルを非表示または削除することで、チャネルを整理することができます。

Section

41

参加者
ホスト

チームをアーカイブしよう

不要になったチームはアーカイブしておきましょう。アーカイブすると、チームのすべてのアクティビティが停止します。なお、チームは再度アクティブ化することができます。

1 チームをアーカイブする

ヒント チームを削除する

チームを削除したいときは、削除したいチームの…→<チームを削除>の順にクリックします。確認画面が表示されるので、<すべてが削除されることを理解しています。>をクリックしてチェックを付け、<チームを削除>をクリックすると、チームが削除されます。

メモ チームをアクティブ化する

アーカイブしたチームを復元し、再度アクティブ化することができます。手順**1**の操作後、アクティブ化したいチームの…をクリックし、<チームを復元>をクリックすると、アクティブ化されます。

1 「チーム」画面を表示し、画面左下の⚙をクリックします。

```
⚗ ユーザーを招待
⚗ チームに参加、またはチームを…   ⚙          ☑ 新しい投稿
```

2 アーカイブしたいチームの…をクリックし、

説明	メンバーシップ	ユーザー	種類
バレーボールの同好会です。	所有者		⋯
	所有者		⋯

- ⚙ チームを管理
- ➕ チャネルを追加
- ⚗ メンバーを追加
- ➡ チームから脱退
- ✎ チームを編集
- ⟷ チームへのリンクを取得
- 🗄 チームをアーカイブ
- ◇ タグを管理

3 <チームをアーカイブ>をクリックします。

4 <アーカイブ>をクリックすると、チームがアーカイブされます。

"バレーボール同好会" をアーカイブしますか?

これによりチームのすべてのアクティビティが凍結されますが、引き続きメンバーを追加または削除して、ロールを更新することができます。[チームを管理] に進んで、チームを復元してください。詳細はこちら

キャンセル　　アーカイブ

Chapter 06

第6章

ビデオ会議を
もっと使いこなそう

Section 42 会議を開催しよう

参加者
ホスト

覚えておきたいキーワード
☑ 会議
☑ 開催者
☑ ワークスペース

会議を開催するには、チームまたはチャネルのメンバーの1人が開催者として会議を開始する必要があります。参加者となるメンバーには、会議の開催通知がワークスペースに表示されるので、かんたんに参加することができます。

1 会議を開始する

 メモ 会議を終了する

手順 **6** の画面で会議画面上部の ∨ をクリックし、<会議を終了>→<終了>の順にクリックすると、会議を終了できます。なお、<退出>をクリックすると、会議は終了せず自分のみ退出できます。

1 メニューバーの<チーム>をクリックし、

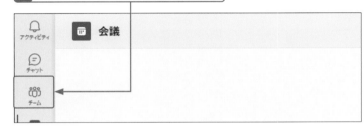

2 会議を開催するチームまたはチャネルをクリックしたら、

3 ワークスペース右上の<会議>をクリックします。

 ヒント 会議中の基本画面

会議中の機能や画面構成は、Sec.17を参照してください。

4 ＜今すぐ参加＞をクリックし、

5 ⊠をクリックします。

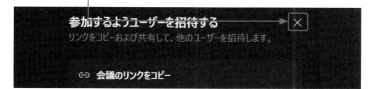

6 ⚏をクリックすると、

7 会議の参加者候補が表示されます。

8 ワークスペースでもメンバー全員に通知されています。

 ヒント ビデオをオンに切り替える

手順**4**の画面で 📷 をクリックして 📹 にすると、ビデオをオンに切り替えることができます。

 ヒント マイクの状況を確認する

手順**6**の画面で、自分のマイクの状況を確認することができます。名前の右に 🎤 が表示されている場合は、ミュートが解除されています。また、🔇 が表示されている場合はミュートになっています。

 ヒント メンバーに参加をリクエストする

手順**6**の画面で「候補」に表示されているメンバーにマウスポインターを合わせ、＜参加をリクエスト＞をクリックすると、音声通話が発信されます。会議の開催を伝えたり、参加を促したりする場合に、利用しましょう。

Section
43   参加者
      ホスト

会議を予約しよう

覚えておきたいキーワード
☑ 会議
☑ 開催者
☑ 予約

あらかじめ会議の予定が決まっている場合には、会議を予約することができます。予約をすることで、参加するメンバーへ会議のリンクを事前に送信したり、カレンダーで予定を共有したりすることができます。

1 会議を予約する

ヒント　今すぐに会議を開始する

手順**2**の画面で<今すぐ会議>をクリックし、参加者を招待することで任意の会議をすぐに開始することができます。

1 メニューバーの<会議>をクリックし、

2 <会議をスケジュールする>をクリックします。

次回の開始をスケジュールする

予定されている会議がスケジュールされると、ここに表示されます。

今すぐ会議　すぐに会議を開始します。	**会議をスケジュールする**　リンクを共有して後で会議を開始します。

3 会議名を入力して、

会議をスケジュールする　　　　　　　　　　　×

🖉　定例会議

🕐　2021/04/09　　10:30　∨　→　2021/04/09　　11:00　∨　30 分

　　　　　　　　　　　　　　　　　　　閉じる　　スケジュール

ヒント　会議開始時刻

P.243手順**6**〜**7**で設定した会議開始時刻は、P.243手順**10**で表示されている「会議出席依頼をコピー」もしくは「Googleカレンダーで共有」の操作を行う際に表示される情報です。開始時刻に自動で会議が開始されるわけではありません。

4 日付をクリックして、

5 カレンダーから開催日をクリックして設定します。

6 ✓をクリックし、

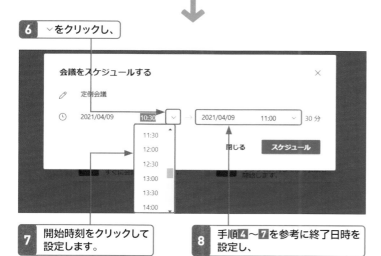

7 開始時刻をクリックして設定します。

8 手順**4**～**7**を参考に終了日時を設定し、

9 ＜スケジュール＞をクリックすると、

10 会議が予約されます。

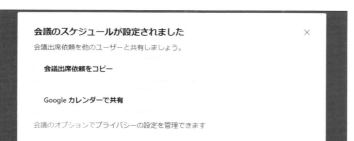

会議のスケジュールが設定されました　×
会議出席依頼を他のユーザーと共有しましょう。

会議出席依頼をコピー

Google カレンダーで共有

会議のオプションでプライバシーの設定を管理できます

メモ　リンクを事前に共有する

手順**10**の画面で＜会議出席依頼をコピー＞をクリックし、任意のチャットなどに貼り付けて送信することで、事前にリンクを共有して会議に招待することができます。

ヒント　会議終了時刻

手順**8**で設定した会議終了時刻は、手順**10**で表示されている「会議で表示されている出席依頼をコピー」もしくは「Google カレンダーで共有」の操作を行う際に表示される情報です。終了時刻に自動で会議が終了されるわけではありません。

組織外のメンバーを 会議に招待しよう

覚えておきたいキーワード
- ☑ 会議
- ☑ 組織外
- ☑ 招待メール

組織外のメンバーは、ゲストとしてチームに招待するだけではなく、必要に応じて会議のみに招待することも可能です。招待方法は、会議のリンクを共有する方法と招待メールを送信する方法があります。

1 会議を開始する

ヒント 会議を予約する

手順2の画面で<会議をスケジュールする>をクリックすると、参加予定者にあらかじめ会議のリンクを送信したり、カレンダーで予定を共有したりすることができます。会議を予約する手順は、Sec.43を参照してください。

1 メニューバーの<会議>をクリックし、

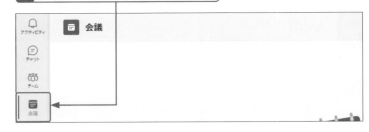

2 <今すぐ会議>をクリックしたら、

次回の開始をスケジュールする
予定されている会議がスケジュールされると、ここに表示されます。

今すぐ会議
すぐに会議を開始します。

会議をスケジュールする
リンクを共有して後で会議を開始します。

3 <今すぐ参加>をクリックします。

ヒント 会議名を編集する

手順3の画面で「○○との会議」をクリックすると、会議名を編集することができます。

2 招待メールを送信する

1 P.244の手順3の操作後、メンバーの招待方法（ここでは＜既定のメールによる共有＞）をクリックし、

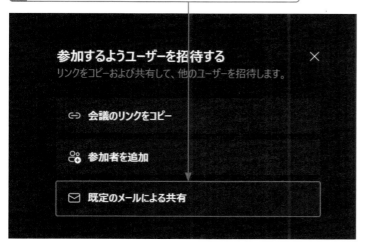

参加するようユーザーを招待する　×
リンクをコピーおよび共有して、他のユーザーを招待します。

- 🔗 会議のリンクをコピー
- 👥 参加者を追加
- ✉ 既定のメールによる共有

2 メールサービス（ここでは＜Outlook.com＞）をクリックして選択し、

アカウントの追加　×

メール、カレンダー、連絡先 にアカウントを追加して、メール、予定表イベント、連絡先にアクセスします。

👤 ＿＿＿＿＿
Outlook.com

🔷 Outlook.com
Outlook.com、Live.com、Hotmail、MSN

🔵 Office 365
Office 365、Exchange

3 サインインして、メールアカウントを追加します。

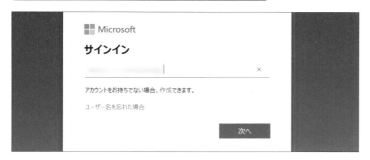

■ Microsoft

サインイン

＿＿＿＿＿　×

アカウントをお持ちでない場合、作成できます。

ユーザー名を忘れた場合

次へ

4 画面の指示に従って進み、メールを送信します。

メモ リンクを共有して会議に招待する

手順1の画面で＜会議のリンクをコピー＞をクリックし、任意のチャットなどに貼り付けて送信することで、リンクを共有して会議に招待することもできます。

メモ 招待メールから会議に参加する

招待メールを受信し、会議に招待された場合は、以下の手順で会議に参加できます。なお、開催者に参加を承認されるまでは、「待機中メンバー」として開催者に通知されます。

1 招待メールのリンクをクリックし、

2 ＜Teamsアプリを開く＞をクリックして、

3 ＜Microsoft Teamsを開く＞をクリックします。

4 名前を入力し、

名前を入力　　今すぐ参加
🎥 ⚪　🎤 ⚪　⚙ Realtek(R) Audio

5 ＜今すぐ参加＞をクリックすると、会議に参加できます。

組織外のメンバーの 会議参加を承認しよう

覚えておきたいキーワード
☑ 会議
☑ 組織外
☑ 承認

組織外のメンバーが会議に参加するには、開催者が参加を承認する必要があります。セキュリティ面を考えて、一度にまとめるよりも参加者の一覧を表示して1人ずつ参加を承認する手順がおすすめです。

1 参加を承認する

 ヒント 待機の通知

待機中のメンバーがいる場合には、手順 **1** の画面のように 🔲 に数字アイコンが通知として表示されます。

1 会議画面で 🔲 をクリックすると、

2 参加者の一覧が表示されます。

3 「ロビーで待機中」に表示されているメンバーにマウスポインターを合わせ、

 **4** ■をクリックすると、

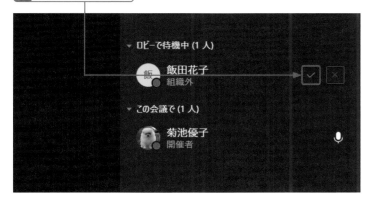

5 「許可しています…」と表示されます。

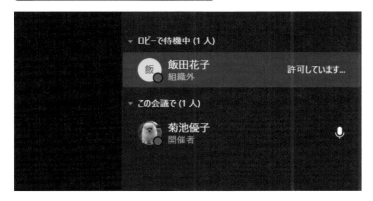

6 承認されると、参加者に追加されます。

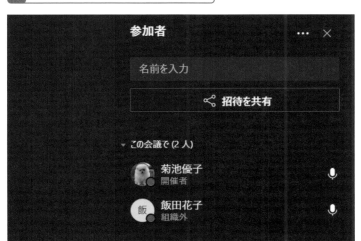

 メモ **参加を拒否する**

手順4の画面で■をクリックすると、参加を拒否することができます。

メモ **会議中にメンバーを招待する**

手順6の画面で＜招待を共有＞をクリックすると、会議中であってもリンクを共有したり、招待メールを送信したりすることができます。

開催中の会議の
出欠を確認しよう

覚えておきたいキーワード
☑ 会議
☑ 開催者
☑ 出席者リスト

会議の開催者は、会議に参加したメンバーの名前、参加時間などの記録をダウンロードして保存することができます。参加予定のメンバーと照らし合わせ、出欠を確認してみましょう。

1　出席者リストをダウンロードする

 ヒント **出席者リストの
ファイル形式**

会議の出席者リストは、Excel形式のファイルでダウンロードされます。

1 会議画面で をクリックし、

2 ・・・をクリックして、

3 <出席者リストをダウンロード>をクリックすると、

 ヒント **ダウンロードは
複数回可能**

会議の出席者リストは、複数回ダウンロードすることができます。ダウンロードを行う度に、別ファイルとして保存されます。

4 ファイルのダウンロードが開始されます。

5 エクスプローラーの<ダウンロード>をクリックし、

6 ファイルをダブルクリックすると、

7 出席者リストが表示されます。

```
meetingAttendanceList - メモ帳

ファイル(F)  編集(E)  書式(O)  表示(V)  ヘルプ(H)
氏名      ユーザーの操作   タイムスタンプ
牛込和夫       参加     2021/4/9  15:45:51
四谷三郎       参加     2021/4/9  15:46:05
```

 ヒント　**タイムスタンプとは**

タイムスタンプとは、出勤時や退勤時の時刻がタイムカードに印字されるしくみと同様です。会議の参加や退出の日時が表示されます。

 ヒント　**エクスプローラーを起動する**

エクスプローラーの起動方法は以下の2つがあります。

・タスクバーの　をクリックする

・キーボードの　+Eを押す

 メモ　**退出時刻**

退出した場合には、手順**7**の画面で「ユーザーの操作」に「退出」と表示され、「タイムスタンプ」に退出日時が表示されます。

249

参加者のマイクをミュートに切り替えよう

会議の開催者は、参加者のメンバーのマイクをミュートに切り替えることができます。参加人数が多い場合や会議の形態、目的によって使い分けることで、音声が聞き取りやすくなります。

1 全員のメンバーのマイクをミュートにする

 ヒント　ミュートの表示

全員のメンバーのマイクをミュートに切り替えると、手順2の画面で🎤が🔇に切り替わります。

1 会議画面で🔲をクリックし、

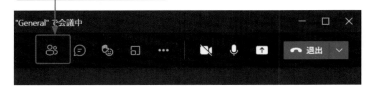

2 <全員をミュート>をクリックして、

3 <ミュート>をクリックします。

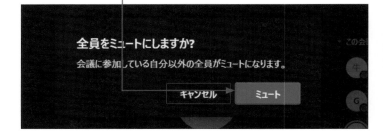

📝 メモ　マイクをミュートにする

自分のタイミングでマイクをミュートに切り替えることもできます。マイクの切り替え手順は、Sec.19を参照してください。

2　特定のメンバーのマイクをミュートにする

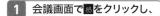 **1** 会議画面で　をクリックし、

2 ミュートしたいメンバーの名前にマウスポインターを合わせ、

3 　をクリックして、

4 <参加者をミュート>をクリックします。

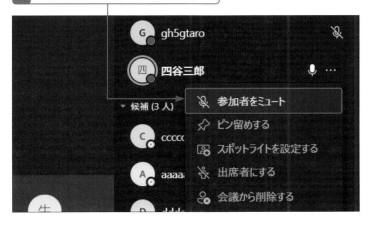

ヒント　ミュート設定時に表示されるメッセージ

会議の開催者が、マイクをミュートに設定した場合は、以下のようなメッセージが相手の画面上部に表示されます。

⚠ ミュートになっています 会議の参加者があなたをミュートに設定しました。

メモ　ミュートを解除する

会議の開催者によって、マイクをミュートに設定された場合でも、参加者は自分でミュートを解除することができます。ミュートを解除するには、自分の画面上部に表示されている　をクリックします。または、開催者がミュートに設定した場合に表示されるメッセージから<ミュート解除>をクリックします。

251

Section 48 参加者 ホスト

会議中の背景を変更しよう

覚えておきたいキーワード
- ☑ 会議
- ☑ ビデオ画面
- ☑ 背景

会議中のビデオ画面の背景として、初期設定のままだと背後の様子が映し出されてしまいます。プライバシーに配慮した機能として、背景の変更が可能です。さまざまな背景を使い分けてみましょう。

1 背景を変更する

📖✏️メモ **背景画像の種類**

初期設定で変更できる背景画像は20種類以上あります。なお、Microsoft Teamsのバージョンによっては、背景画像の種類が異なります。

1 会議画面で ⋯ をクリックし、

2 <背景効果を適用する>をクリックしたら、

3 変更したい背景をクリックして選択し、

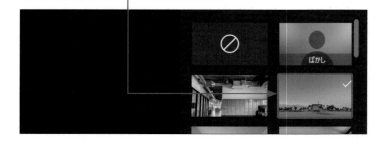

📖✏️メモ **バーチャル背景の無料配布**

さまざまな企業やクリエイターが無料でバーチャル背景を配布しています。ダウンロードして、背景に設定してみましょう。

4 ＜プレビュー＞をクリックします。

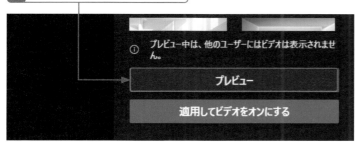

5 プレビュー画面が表示されます。

6 ＜適用してビデオをオンにする＞をクリックすると、

7 背景が変更されます。

ヒント　反転表示

会議の参加者に表示される自分の画面は、手順**5**の画面を左右反転させた画面です。背景画像に文字や数字がある場合には、注意しましょう。

メモ　任意の画像を背景に設定する

背景に任意の画像を設定したい場合は、P.252手順**3**の画面で＜新規追加＞をクリックし、背景選択画面に任意の画像を追加する必要があります。

1 P.252手順**3**の画面で＜新規追加＞をクリックすると、

2 エクスプローラーが表示されるので、任意の画像をダブルクリックします。

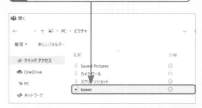

3 背景選択画面に任意の画像が追加されるので、

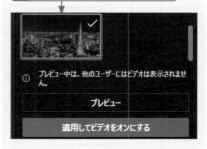

4 P.252手順**3**〜手順**7**の画面に従い、背景に設定します。

Section 49 参加者 ホスト 会議を録画しよう

覚えておきたいキーワード
☑ 会議
☑ 録画開始
☑ 録画停止

会議中のビデオ画面や音声、共有画面を録画することができます。録画を終了すると、自動的にMicrosoftのクラウドに保存されるため便利です。ただし、録画機能の利用には、Microsoft 365のライセンスが必要です。

1 録画を開始する

 メモ 録画されないコンテンツ

この機能で録画されるのは、音声通話もしくはビデオ通話画面のみです。ホワイトボードの共有画面と会議の議事録作成画面は録画されません。

1 会議画面で **…** をクリックし、

2 <レコーディングを開始>をクリックすると、

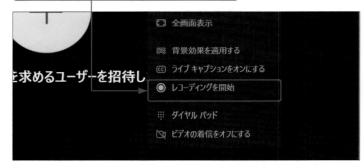

 ヒント 録画の通知

会議中に録画の開始と停止が行われると、録画を開始したユーザー以外の参加者には、以下のようなメッセージが画面上部に表示されます。

・録画開始

⚠ 録画中です この会議をレコーディングしています。必ず全員にレコーディングさ

・録画停止

⚠ レコーディングを保存しています レコーディングを停止しました。会議チャットの

3 画面上部にアイコンが表示されます。

2 録画を停止する

1 会議画面で■をクリックし、

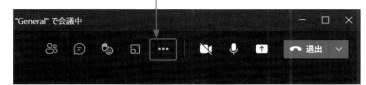

2 <レコーディングを停止>をクリックして、

3 <レコーディングを停止>をクリックすると、

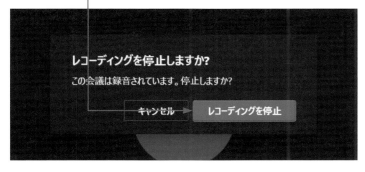

4 画面上部に録画データ保存のメッセージが表示されます。

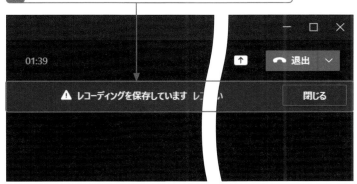

メモ **録画した会議を視聴する**

録画した会議は、会議終了後にワークスペース画面から視聴することができます。視聴する手順は、Sec.50を参照してください。

ヒント **録画の自動停止**

会議を録画している場合に、すべての参加者が会議から退席すると、録画は自動的に停止します。万が一、参加者が退席し忘れたとしても、録画開始4時間後に自動的に停止します。

ヒント **録画データのサイズ**

1時間の録画データのサイズは400MBです。長時間の会議を録画する場合は、録画停止後の処理に時間がかかることがあります。

Section 50

参加者 **ホスト**

録画した会議を 視聴しよう

録画した会議動画は、会議終了後にワークスペースに表示され、ほかのメンバーにも共有されます。デバイスにダウンロードし、任意のプレーヤーで再生してみましょう。

1 録画した会議を再生する

 メモ Microsoft Stream で再生する

Microsoft Teamsの有料版を利用している場合は、Microsoft Streamで会議を再生することができます。

 ヒント エクスプローラーを起動する

エクスプローラーの起動方法は以下の2つがあります。
・タスクバーの📁をクリックする
・キーボードの🪟+Eを押す

 ヒント 録画データの拡張子

録画データは「mp4」の拡張子で保存されます。拡張子を変更すると、再生ができなくなる場合があります。任意の拡張子に変更したい場合には、データのコピーを作成して変更しましょう。

1 会議終了後、ワークスペース画面で＜ダウンロード＞をクリックすると、

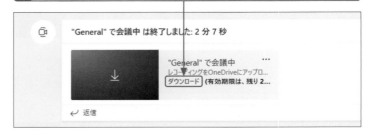

2 ファイルのダウンロードが開始されます。

3 エクスプローラーの＜ダウンロード＞をクリックし、

4 ファイルをダブルクリックすると、

5 録画した会議が再生されます。

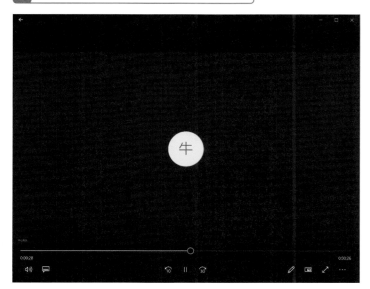

6 画面下部のアイコンで動画の操作が可能です。

ヒント 録画した会議をMacで再生する

録画した会議をMacで視聴する場合も、Microsoft Teamsの有料版を利用していれば、Microsoft Streamで会議を再生することができます。無料版を利用している場合には、任意の再生アプリを選択し、視聴しましょう。

ヒント Windows Media Playerの操作

手順 **5** ～ **6** の画面で表示されているWindows Media Playerの各アイコンの操作方法は、以下の通りです。

・ 🔊
音量を調節します

・ 🖵
字幕やオーディオメニューを表示します

・ ⏪
10秒巻き戻します

・ ⏸
一時停止します

・ ⏩
30秒早送りします

・ ✏
トリミングなどの編集オプションを表示します

・ 🖼
ミニビューで再生します

・ ⤢
全画面で再生します

・ …
リピートなどの再生オプションを表示します

Section 51

参加者
ホスト

会議の議事録を
作成しよう

覚えておきたいキーワード	
☑	会議
☑	議事録
☑	タブ

会議中、議事録としてテキストメモを作成することができます。このメモは会議中に参加者に共有され、会議の進行を妨げずに操作が可能です。作成したメモはワークスペースにタブとして表示されます。

1 議事録を作成する

 メモ **議事録の作成と確認**

議事録の作成と確認は、会議の開催者と同じ組織のメンバーのみに許可されています。

 メモ **会議中に議事録を確認する**

会議中に議事録が作成されると、チャット画面に通知が表示されます。＜全画面表示でメモを…＞をクリックすると、議事録を確認できます。なお、会議前に議事録を作成するには、Microsoft Teams の有料版を利用する必要があります。

1 会議画面で **・・・** をクリックし、

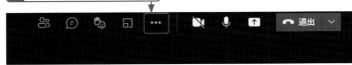

2 ＜会議のメモ＞をクリックして、

- デバイスの設定
- 会議のオプション
- 会議のメモ
- 会議の詳細
- ギャラリー ✓

3 ＜メモを取る＞をクリックすると、

会議のメモを取りましょう！

メモは他のユーザーと共有され、会議前、会議中および会議後にアクセスできます。

メモを取る

4 アップロードするファイルをクリックして選択し、

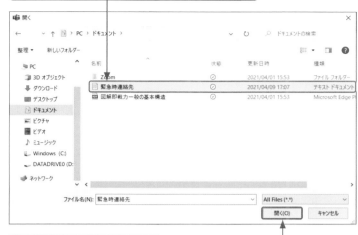

5 ＜開く＞をクリックすると、

6 ファイルのアップロードが開始され、完了すると、タブから確認できます。

7 ファイルをクリックして選択すると、ダウンロードや削除を行えます。

メモ タブに新規フォルダーを作成する

新規フォルダーを作成することで、ファイルタブにアップロードされるファイルをフォルダーごとにまとめて、整理することができます。P.260手順**3**の画面で＜新規＞→＜フォルダー＞の順にクリックし、フォルダー名を入力したら＜作成＞をクリックします。

1 ＜新規＞をクリックし、

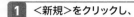

2 ＜フォルダー＞をクリックします。

3 フォルダー名を入力し、

4 ＜作成＞をクリックすると、

5 新規フォルダーが作成されます。

261

Section 53

参加者
ホスト

操作の権限を変更しよう

覚えておきたいキーワード
☑ 会議
☑ 開催者
☑ 権限

会議の参加者には、「開催者」、「発表者」、「出席者」の3種類を設定できます。初期設定では、全員「発表者」として設定されていますが、「出席者」として設定することで、一部操作を制限することが可能です。

1 会議の権限を変更する

💡 ヒント　出席者の権限

出席者の権限は、音声やビデオでの会議参加とチャットのやりとりのみです。資料を共有したり、ほかの発表者をミュートにしたりすることはできません。

1 会議画面で🔲をクリックし、

2 権限を変更したいメンバーの名前にマウスポインターを合わせ、

3 📱をクリックします。

💡 ヒント　権限を変更できるメンバー

会議の権限を変更できるメンバーは、会議の開催者のみです。

4 <出席者にする>をクリックし、

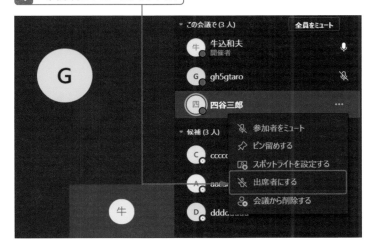

5 <変更>をクリックすると、

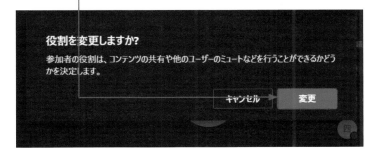

6 権限が変更されます。

メモ　権限を発表者に戻す

権限を「出席者」に変更したメンバーであっても、再度「発表者」に権限を戻すことができます。P.262手順 **1** ～ **3** の操作を行い、手順 **4** の画面で<発表者にする>をクリックすると、「出席者」から「発表者」に変更できます。

ヒント　開催者の権限

会議の開催者は、「開催者」かつ「発表者」という権限から変更することができません。また、「開催者」という権限は、ほかのメンバーに変更することができません。

 Section 54 参加者 ホスト

特定のメンバーを 大きく表示しよう

覚えておきたいキーワード	
☑ スポットライト	Microsoft Teams には、参加者全員の画面で一斉に特定のメンバーを常に大き
☑ ピン留め	く表示させるスポットライト機能があります。状況に応じて利用しましょう。

1 特定のメンバーを常に大きく表示する

📖 メモ　ピン留めする

手順**4**の画面で<ピン留めする>をクリック
すると、自分の画面でのみ、特定のメンバー
を常に大きく表示することができます。

1 会議画面で をクリックし、

2 メンバーの名前にマウスポインターを合わせ、

3 をクリックし、

💡 ヒント　スポットライトを解除する

スポットライトの設定を解除する場合は、手
順**5**の画面でスポットライトを設定しているメ
ンバーの名前にマウスポインターを合わせ、
→<スポットライトを終了する>の順にク
リックすると、解除できます。

4 <スポットライトを設定する>をクリックすると、
常に大きく表示されます。

Chapter 07

第**7**章

アプリや外部サービスと連携させよう

連携可能なアプリや サービスについて知ろう

Microsoft Teams は、さまざまなアプリと連携することができます。Microsoft が提供するアプリをはじめ、サードパーティ製アプリなどの外部アプリなど、連携可能なアプリは増えています。

1 アプリやツールとの連携のメリット

📖✎ メモ サードパーティ製アプリとは

サードパーティ製アプリとは、互換性を持った第三者が作成した非純正品を指します。反対に、純正のアプリというのはアプリの開発元・販売元が自身で販売しているものなどのことす。

Microsoft Teams は、Microsoft が提供するアプリをはじめ、サードパーティ製の外部アプリなどと連携して利用することができます。アプリと連携していない場合には、各アプリの操作を行う際にそれぞれを起動して行うことになりますが、連携することによって Microsoft Teams 内で操作が完結します。

また、連携しているアプリの更新情報を Microsoft Teams 内でいち早く通知・確認することもできるので、業務の効率化や生産性の向上を図ることができます。

連携できるアプリの種類も多様に取り揃えられており、タスクやプロジェクト管理、連絡先や顧客管理、スケジュール管理、情報共有アプリなどの業務管理ツールや開発者向けツール、人事や採用ツール、通信ツールなどがあります。

連携アプリは Microsoft Teams 内にあるアプリストアからかんたんに見つけることができるという手軽さも魅力です。アプリストア内ではアプリの名称や機能から検索することが可能なので、最適な機能を持ったアプリをすぐに探し出すことができます。メニューバーの「アプリ」をクリックすると以下の画面が表示されます。

 ヒント Microsoft Teams外でアプリやツールを利用する

Microsoft Teamsと連携したアプリやツールは、必要に応じてMicrosoft Teamsを介さずに起動し、利用することも可能です。

2 Microsoftが提供するアプリとの連携

Microsoftが提供するアプリとの連携により、さまざまなドキュメントへのスムーズなアクセスや共同作業が可能となり、生産性を向上させることができます。具体的には、Outlookと連携したスケジュール管理、Plannerと連携したプロジェクトやタスク管理、SharePoint Onlineと連携したファイル共有やファイル共同作業などがあります。

 ヒント

**連携できない
ドキュメントツール**

Kingsoft OfficeやGoogle スプレッドシート、一太郎などのドキュメント作成ツールは連携することができません。連携できるドキュメントツールは、Microsoftが提供するツールが中心です。

3 外部アプリとの連携

Microsoftが提供するアプリ以外にも連携することが可能です。具体的には、Dropboxと連携したファイル共有やファイルの共同作業、Trelloと連携したタスク管理、Zoomと連携したビデオ会議機能の拡充などがあります。

 メモ

**無料版のMicrosoft Teamsで
連携できないアプリ**

無料版のMicrosoft Teamsでは、予定表の機能がありません。そのため、スケジュール管理を目的としたOutlookとの連携は利用できません。また、外部アプリの仕様によっては、有料版のMicrosoft Teamsのみに対応している場合もあります。

会議の予定をGoogle カレンダーで共有しよう

覚えておきたいキーワード
- ☑ 会議
- ☑ スケジューリング
- ☑ Google カレンダー

Sec.43を参考に会議を予約すると、会議の参加予定者にリンクもしくはGoogle カレンダーで予定を共有することができます。ここでは、Google カレンダーで共有する手順とGoogle カレンダーから参加する手順を解説します。

1 Google カレンダーに会議の予定を追加する

メモ **Outlook から会議の予定を追加する**

有料版では、OutlookからMicrosoft Teamsの会議を作成し、予定として追加することができます。なお、会議を開催するチャネルを選ぶことはできません。

1 Outlookのカレンダー画面を表示し、

2 画面上部の<新しいTeams会議>をクリックして、

3 「タイトル」に会議名を、「必須」に会議参加者のメールアドレスを入力し、会議日時を設定します。

4 <送信>をクリックすると、会議の予定が参加者に送信され、Outlookに予定が追加されます。

1 Sec.43を参考に会議の予約を設定し、

2 <Googleカレンダーで共有>をクリックすると、

会議のスケジュールが設定されました
会議出席依頼を他のユーザーと共有しましょう。

- 会議出席依頼をコピー
- Google カレンダーで共有

会議のオプションでプライバシーの設定を管理できます

3 「Googleカレンダー」画面が表示されます。

4 <ゲストを追加>をクリックし、

ゲスト

ゲストを追加

5 会議の参加予定者を入力して、　**6** ＜保存＞をクリックすると、

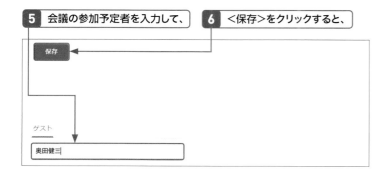

📖✍️メモ　**招待メールを送信する**

手順**6**の画面で＜保存＞をクリックし、次の画面で＜送信＞をクリックするとゲストとして追加した参加予定者に招待メールを送信することができます。送信しない場合には、＜送信しない＞もしくは＜編集に戻る＞をクリックしましょう。

7 予定が追加されます。

2 Googleカレンダーから会議に参加する

1 手順**7**の画面で＜会議に参加するにはここをクリックしてください＞をクリックし、

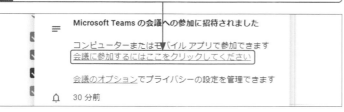

📖✍️メモ　**Outlookから会議に参加する**

Outlookのカレンダー画面で参加する予定の会議をクリックして、画面上部の＜Teams 会議に参加＞をクリックすると、会議に参加できます。

2 会議の参加方法をクリックすると会議に参加できます。

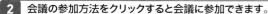

Teams上でOffice ファイルを編集しよう

ワークスペースに送信された Excel や Word、PowerPoint といった Office ファイルをメンバーと共同編集することができます。なお、よく利用するファイルはタブに追加すると、かんたんにアクセスでき便利です。

1 ファイルを編集する

 ヒント **自動保存**

ファイルの編集内容は、自動で保存されます。

1 ワークスペースに送信されたファイルをクリックすると、

> G. gh5gtaro 14:19
> 資料を添付します。
>
> w 説明会の事前準備.docx ...
>
> ↵ 返信

 ヒント **編集前の内容に戻す**

ファイルの編集内容は、自動保存されますが、画面上部の↺をクリックすると、編集前の内容に戻すことができます。

ファイル	ホーム	挿入	レイアウト	参考資
↺∨	🗐∨	✍	游明朝 (本文)	10.5∨

2 ファイルが開き、編集できます。

3 編集が終了したら<閉じる>をクリックします。

 メモ **複数人のメンバーでファイルを同時編集する**

ワークスペースに送信されたファイルは、複数人のメンバーで同時編集することができます。なお、編集している箇所と編集メンバーの名前が表示されます。

説明会の事前準備
■前日までに完了すべきこと
牛込花子

2 ファイルをタブに追加して編集する

1 ワークスペースに送信されたファイルの … をクリックし、

2 <これをタブで開く>をクリックすると、

3 タブにファイルが追加されます。

4 タブ内でファイルが開き、編集できるようになります。

📖✍ メモ　タブを削除する

追加したファイルのタブを削除したい場合は、手順**3**の画面で ∨ →<削除>→<削除>の順にクリックします。

📖✍ メモ　タブの名前を変更する

追加したファイルのタブの名前を変更したい場合は、手順**3**の画面で ∨ →<名前の変更>の順にクリックします。名前を入力したら、<保存>をクリックします。

💡ヒント　ファイルを ブラウザで開く

手順**2**の画面で、<ブラウザーで開く>をクリックすると、ブラウザでファイル形式のアプリが起動します。ここでは、Word形式のファイルをブラウザで開くので、Wordアプリがブラウザで起動します。

3 ファイルタブからファイルを選択して編集する

メモ 複数人のメンバーでファイルを同時編集する

ファイルタブに保存されているファイルやファイルタブ内に新規作成されたファイルは、複数人のメンバーで同時編集することができます。なお、編集箇所が罫線で囲まれ、⑧をクリックすると、編集メンバーの名前が表示されます。自分が編集している箇所も、同様に相手の画面に表示されています。

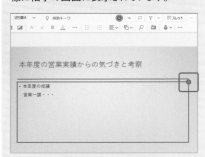

1 ファイルが送信されたワークスペース画面上部の<ファイル>をクリックし、

2 編集したいファイルをクリックすると、

3 ファイルが開き、編集できます。

4 編集が終了したら<閉じる>をクリックします。

メモ 更新者情報

ファイルが編集されると、手順2の画面で「更新者」欄に最終更新者の名前が表示されます。

272

4 ファイルをダウンロードする

1 ワークスペースに送信されたファイルの … をクリックし、

2 <ダウンロード>をクリックすると、

3 ファイルのダウンロードが開始され、

4 完了すると、エクスプローラーの「ダウンロード」に保存されます。

メモ ファイルのリンクを取得する

手順**2**の画面で<リンクを取得>をクリック、もしくはP.272手順**2**の画面でファイルにマウスポインターを合わせ、 … →<リンクを取得>→<コピー>の順にクリックすると、ファイルのリンクを取得することができます。

ヒント エクスプローラーを起動する

エクスプローラーの起動方法は以下の2つがあります。

・タスクバーの をクリックする

・キーボードの +Eを押す

SharePointを外部のメンバーと共有しよう

覚えておきたいキーワード
- ☑ SharePoint
- ☑ 共同作業
- ☑ タブ

送信されたファイルなどの保存場所として、自動的に作成されている SharePointを外部のメンバーに共有することができます。ここでは、SharePointの「ドキュメントライブラリ」タグを追加し、リンクを取得する手順を解説します。

1 ドキュメントライブラリをタブに追加する

📖✍メモ SharePointとは

SharePointとは、さまざまなデバイスからアクセスし、ファイルの保存や編集、整理ができるツールです。同様のツールはほかにもありますが、アプリとの連携や便利な機能があるため、よりビジネスに特化しています。

1 ワークスペース画面上部の＋をクリックすると、

2 「タブを追加」画面が表示されるので、 **3** ＜ドキュメントライブラリ＞をクリックします。

📖✍メモ タブにリンクを追加する

ドキュメントライブラリのタブに、SharePointサイトまたはフォルダのリンクを追加することができます。手順**4**の画面で＜Sharepointリンクを使用＞をクリックします。URLを入力し、＜移動＞をクリックしてリンクを追加しましょう。

4 SharePointのURLをクリックし、 **5** ＜次へ＞をクリックします。

6 ＜ドキュメント＞をクリックし、　7 ＜次へ＞をクリックしたら、

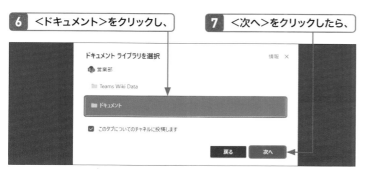

Teams
第7章 アプリや外部サービスと連携させよう

ヒント ファイルタブとの違い

Microsoft Teams には、チャネルのタブに標準で「ファイル」タブがあります。ここには、ワークスペースにアップされたドキュメントなどが保存されるしくみです。一方、ドキュメントライブラリは個人的に利用しているSharePointのコンテンツをタブに表示させることができます。

8 任意のタブ名を入力し、　9 ＜保存＞をクリックすると、

ヒント タブの削除

追加したタブを削除したい場合は、任意のタブで∨をクリックします。＜削除＞→＜削除＞の順にクリックすると、タブを削除することができます。

10 タブが追加されます。

2 リンクを取得する

1 手順⑩の画面で共有したいフォルダをクリックして選択し、　2 ＜リンクを取得＞をクリックして、

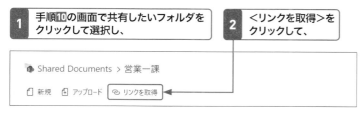

3 ＜コピー＞をクリックすると、フォルダへのリンクを取得できます。

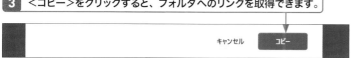

OneNoteで
ノートブックを共有しよう

覚えておきたいキーワード
- ☑ OneNote
- ☑ 新規ノートブック
- ☑ 共有

チャットやチャネルに「OneNote」アプリのノートブック機能を追加することができます。ここでは、新規のノートブックを作成し、追加する手順を紹介しますが、作成済みのノートブックを追加することもできます。

1 ノートブックを新規作成し追加する

📓 メモ OneNoteとは

OneNoteとは、資料作成やアイデアの整理に活用できるメモ帳のようなツールです。動画、写真、ファイルなど様々なフォーマット形式を貼り付けることや共有したほかのメンバーがリアルタイムで補足を追加することが可能です。

1 ワークスペース画面上部の＋をクリックすると、

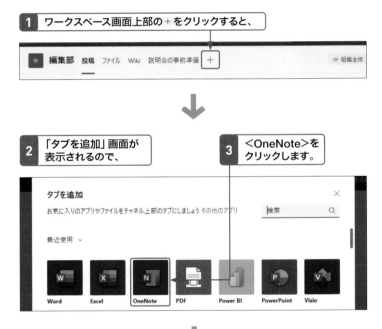

2 「タブを追加」画面が表示されるので、

3 ＜OneNote＞をクリックします。

💡 ヒント タブに追加したいアプリやファイルを検索する

手順**2**の画面で＜検索＞をクリックし、キーワードを入力すると、該当のアプリやファイルが表示されます。また、＜最近使用＞→＜A-Z＞の順にクリックすると、表示されているアプリやファイルを並べ替えることができます。

4 「OneNote」画面が表示されるので、

5 ＜新規ノートブックを作成＞をクリックします。

6 ノートブックの名前を入力して、

7 ＜このタブについてのチャネルに投稿します＞をクリックしてチェックを付け、

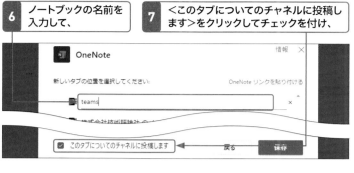

メモ **作成済みのノートブックを追加する**

P.276手順 **4** ～ **5** の画面で＜OneNote リンクを貼り付ける＞をクリックします。URLを入力して、＜保存＞をクリックすると、作成済みのノートブックを追加できます。ただし、SharePointまたはOneDrive for Businessに保存されている作成済みのノートブックでなければ、URLの入力や追加をすることができません。

8 ＜保存＞をクリックします。

9 テキストを入力すると自動保存されます。

10 ワークスペースもしくはタブから内容を確認できます。

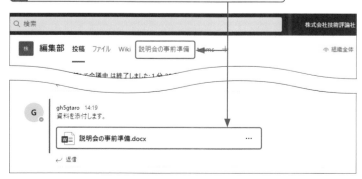

Section
60 参加者 ホスト

クラウドストレージ
サービスを追加しよう

覚えておきたいキーワード
☑ ファイル共有
☑ クラウドストレージ
☑ 連携

Microsoft Teams上にDropboxやGoogleドライブなどの外部のクラウドストレージサービスを追加することが可能です。追加することで、クラウドストレージ内のファイルやリンクを送信し、共有することができます。

1 Googleドライブと連携する

📖✏️メモ **追加可能なクラウドストレージ
プロバイダー**

「Dropbox」、「Box」、「Egnyte」、「ShareFile」などのクラウドストレージサービスを追加できます。これらは手順**3**の画面で確認できます。

1 メニューバーの<ファイル>をクリックし、

2 <クラウドストレージを追加>をクリックして、

3 <Google Drive>をクリックします。

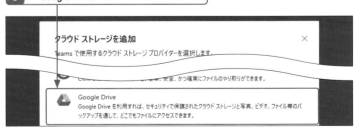

 📖✏️メモ **iCloudとの連携**

Outlookでは、Windows版iCloudを使用することで、メールや連絡先などを同期させることができます。しかし、Microsoft TeamsとiCloudでは、同期や連携をすることはできません。

4 メールアドレスを入力し、　**5** ＜次へ＞をクリックします。

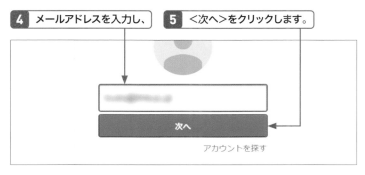

6 パスワードを入力し、　**7** ＜ログイン＞をクリックします。

8 ＜許可＞をクリックすると、

9 Googleドライブからファイル送信ができます。

Googleドライブからサインアウトする

セキュリティ面からサインインとサインアウトを必要に応じて行うことをおすすめします。連携後にP.278手順2の画面で＜Google Drive＞をクリックし、ワークスペースに表示される＜サインアウト＞をクリックします。

ダウンロードしたファイルを確認する

P.278手順2の画面で＜ダウンロード＞をクリックすると、ダウンロード済みのファイルが表示され、パソコンにダウンロードしたチームやチャネルのファイルを確認することができます。

279

Section 61　参加者　ホスト
その他のアプリや ツールについて知ろう

覚えておきたいキーワード
- ☑ タスク管理
- ☑ 営業管理
- ☑ 受付管理

連携可能なアプリやツールは、Microsoft Teams内のアプリストアからかんたんに検索し、見つけることができます。なお、無料版と有料版では連携可能なアプリが異なったり、機能の制限があったりします。

Teams

第
7
章

アプリや外部サービスと連携させよう

1 タスク管理アプリ

📖✏メモ **メッセージ送信時に便利な アプリを確認する**

ワークスペースでのメッセージ入力画面で…をクリックすると、位置情報アプリや天気アプリ、ニュースアプリなどのアイコンが表示されます。アイコンをクリックして、＜追加＞をクリックすると、かんたんに連携できます。

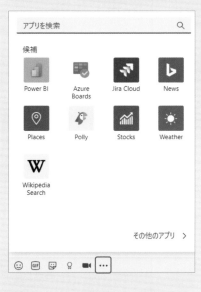

Trello

ジャンルや期日の異なる複数のタスクを混乱することなく管理できます。カテゴリーごとにタスクを付箋紙で貼り付けていくように、視覚的にタスクを管理できるのが大きな特徴です。

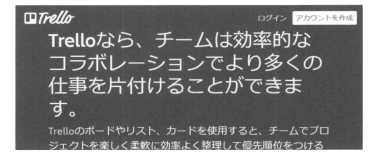

https://trello.com/jp

Planner

タスクを細分化したり、分類して管理したりすることができます。カレンダーで各メンバーの予定を一覧表示で確認、進捗状況をグラフで確認できるといった特徴があります。

https://www.microsoft.com/ja-jp/microsoft-365/business/task-management-software

2 営業管理アプリ

Salesforce

見込み客の状況や商談の内容、受注見込みなどを入力し、管理することができます。業種や業務に合わせて、自らカスタマイズして使用できるのも特徴です。

https://www.salesforce.com/jp/

3 受付管理アプリ

RECEPTIONIST

来客者が受付に設置されている iPad 画面で必要事項を入力すると、ビジネスチャットを介して担当者に直接通知が送られるため、取次が不要になります。来客時の受付を無人化するシステムが大きな特徴です。

https://receptionist.jp/

有料の連携アプリやツール

Microsoft Teamsと連携可能なアプリやツールには、利用するにあたり料金が発生するものもあります。また、無料トライアル期間が設けられてる場合やさまざまな種類の料金プランが準備されている場合があります。利用料金について確認してから、アプリやツールの連携を行いましょう。

Section 62 連携しているアプリを管理しよう

参加者 **ホスト**

覚えておきたいキーワード
- ☑ 連携
- ☑ アプリ
- ☑ 管理

連携しているアプリやツールは用途や目的に合わせて、連携したり削除したりすることができます。ここでは、連携しているアプリをアンインストールする手順を解説します。

Teams

第7章 アプリや外部サービスと連携させよう

1 アプリをアンインストールする

💡ヒント メニューバーからアプリをアンインストールする

メニューバーの ⋯ をクリックし、アプリのアイコンを右クリックしたら、<アンインストール>をクリックすると、メニューバーから直接アプリをアンインストールできます。

1 ワークスペース画面上部の + をクリックし、

2 <アプリを管理>をクリックします。

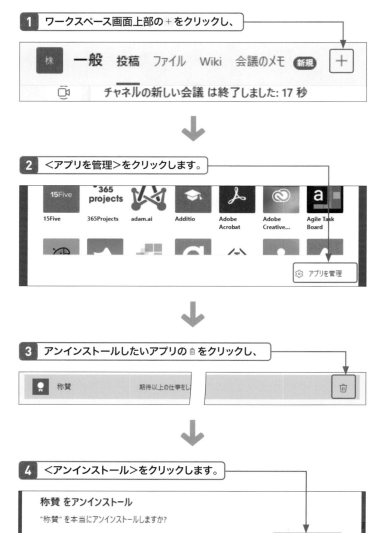

📖メモ アプリの詳細な情報を確認する

手順**3**の画面で、任意のアプリをクリックすると、アプリの種類や最新バージョン情報などを確認できます。

3 アンインストールしたいアプリの 🗑 をクリックし、

4 <アンインストール>をクリックします。

Chapter 08

第8章

スマートフォンでMicrosoft Teamsを利用しよう

<table>
<tr><td>Section</td><td></td></tr>
<tr><td>63</td><td>参加者
ホスト</td></tr>
</table>

アプリを インストールしよう

覚えておきたいキーワード
☑ スマートフォン
☑ iOS 版
☑ Android 版

Microsoft Teams のモバイルアプリは、iOS 版と Android 版の 2 種類が無料で提供されています。iOS 版と Android 版には、機能に大きな差はありません。スマートフォンへインストールし、Microsoft アカウントでサインインします。

1 iPhone でアプリをインストールする

💡 ヒント **アプリを起動する**

インストールが完了したら、手順❸の画面で＜開く＞をタップするか、ホーム画面で📱をタップするとアプリを起動できます。

📝 メモ **iPad でアプリを
インストールする**

iPad でアプリをインストールする場合は、iPhone と同様に App Store で Teams アプリを検索し、＜入手＞をタップすると、インストールが開始されます。

1 App Store で Teams アプリを検索して＜Microsoft Teams＞をタップします。

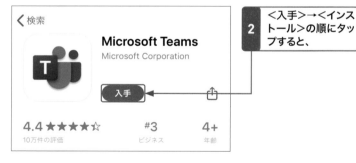

2 ＜入手＞→＜インストール＞の順にタップすると、

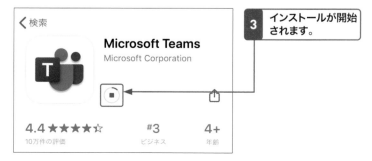

3 インストールが開始されます。

2 Android でアプリをインストールする

1 Google Playで
Teamsアプリを検
索して<Microsoft
Teams>をタップ
します。

2 <インストール>を
タップすると、

3 インストールが開始
されます。

4 インストールが完了
すると、ホーム画
面に表示されます。

メモ　アカウントの使い分け

複数のアカウントを使用している場合は、デ
バイスによってアカウントを使い分けると便利
です。パソコンで使用しているアカウントとは
異なるアカウントでモバイルアプリを利用した
り、複数のアカウントをモバイルアプリに追加
しアカウントの切り替えをしたりすることができ
ます。

メモ　タブレットでアプリを
インストールする

Android OSなどiPad以外のタブレットでア
プリをインストールすることもできますが、機
種やOSによっては、アプリのインストールや
サインインができない場合もあります。

Section 64

参加者
ホスト

アプリの画面を確認しよう

覚えておきたいキーワード
- ☑ 画面構成
- ☑ Android
- ☑ アイコン

各画面について、構成やアイコンの機能を確認しましょう。iOS 版と Android 版に機能の差異はありませんが、画面構成は多少異なります。ここでは、Android 版の画面を解説します。

1 基本画面を確認する

📖✍ メモ | **プロフィールを編集する**

プロフィールを編集する場合は、画面左上のプロフィールアイコンをタップし、自分のユーザー名→<編集>の順にタップします。プロフィールの編集項目が表示されるので、アイコンを編集する場合は、<写真を撮影>あるいは<既存の写真を選択>をタップすると編集できます。ユーザー名を編集する場合は、<名前を編集>をタップすると編集できます。

📷	写真を撮影
🖼	既存の写真を選択
🖼	写真を表示
✏️	名前を編集

サインインすると、「アクティビティ」画面が表示されます。
iOS 版では、❶〜❺の位置が異なります。

❶在席の変更、通知や画面設定の変更、アカウントの切り替えなどができます。

❷直近の更新情報（フィード）や自分の投稿（アクティビティ）を確認できます。

❸最新情報から「メンション」や「不在着信」など項目別に検索することができます。

❹ユーザーを招待できます。

❺ユーザーやメッセージ、ファイルをキーワード検索で見つけることができます。

❻最新情報がある場合は、件数が表示されます。タップして確認できます。

⑦ 1対1や任意のグループでのメッセージの送受信や音声通話、ビデオ通話ができます。

⑧ チームやチャネルの管理、メッセージやファイルの確認ができます。

メモ iPadの基本画面を確認する

iPadの基本画面は、iPhoneやAndroidと異なり、画面下部のメニューバーに「通話」と「ファイル」が追加されています。

・通話
通話履歴が表示されます。□やℂをタップして簡単に通話を発信できます

・ファイル
OneDriveに保存されているファイルの管理やオフラインで使用可能にしたファイルを確認できます

⑨ 会議を開始したり、スケジュールを設定したりすることができます。

⑩ 通話やカメラなどの機能にアクセスしたり、保存した会話などを確認したりできます。

Section 65 参加者 ホスト

メッセージを送信しよう

覚えておきたいキーワード
- ☑ メッセージ
- ☑ 送信
- ☑ 編集

チーム内にメッセージやファイルなどを投稿することで、かんたんに情報共有が可能です。また、絵文字やGIF画像が豊富に搭載されているので、気軽にコミュニケーションをとることができます。

1 メッセージを送信する

📖メモ **絵文字やGIF画像を送信する**

P.289手順**6**の画面で☺をタップすると、絵文字をメッセージに挿入したり、GIF画像を送信したりすることができます。

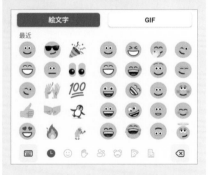

	説明
1	<チーム>をタップし、
2	<すべてのチームを表示>をタップします。

3 メッセージを投稿するチームをタップし、

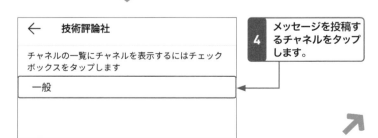

4 メッセージを投稿するチャネルをタップします。

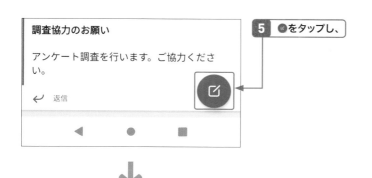

5 ✏️をタップし、

6 テキストボックスにメッセージを入力して、

7 ➤をタップすると、

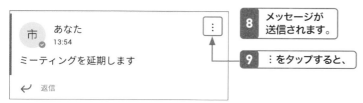

8 メッセージが送信されます。

9 ⋮をタップすると、

10 メッセージの編集や削除ができます。

📓✏️メモ　メッセージに返信する

手順**8**の画面で<返信>をタップすると、テキストボックスが表示されるので、メッセージを入力して送信します。

📓✏️メモ　リアクションを送信する

手順**10**の画面で表示されている絵文字をタップすると、リアクションを送信できます。

Section **66** 参加者 ホスト

ファイルをアップロードしよう

覚えておきたいキーワード
☑ ファイル
☑ アップロード
☑ 共同作業

モバイル版でもファイルをアップロードし、共同作業を行うことができます。メッセージにファイルを添付して共有する方法とチャネルのファイルタブにファイルをアップロードする方法があります。

1 メッセージにファイルを添付する

📖✍メモ **カメラを起動する**

手順**1**の画面で📷をタップすると、カメラが起動し、写真を撮影して添付することができます。なお、フォトライブラリへのアクセス許可画面が表示されたら、<設定を開く>をタップし、「写真」と「カメラ」のアクセスを許可しましょう。

1 メッセージ送信画面で⊕をタップし、

2 <添付>をタップして、

🔆ヒント **メディアを添付する**

手順**2**の画面で<メディア>をタップし、<フォトライブラリ>をタップすると、スマートフォンに保存されている画像や写真を添付することができます。

3 添付したいファイルをタップして選択します。

2 ファイルタブにファイルをアップロードする

1 メッセージ送信画面上部の<ファイル>をタップし、

2 <追加>をタップして、

3 <ファイル>をタップし、

4 添付したいファイルをタップして選択します。

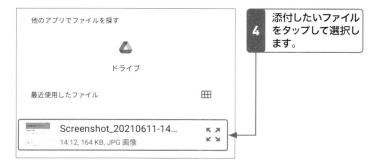

📖メモ **タブにフォルダーを作成する**

手順**3**の画面で<新しいフォルダー>をタップし、フォルダ名を入力して、<保存>をタップします。

📖メモ **ファイルを編集する**

アップロードされたファイルは閲覧のみではなく、編集することもできます。ファイルタブをタップし、編集したいファイルをタップして選択すると、プレビュー表示されます。画面右上の☑をタップすると、任意の編集アプリが起動し、編集が可能になります。なお、任意の編集アプリがない場合は☑をタップすることができず、閲覧のみ可能になります。

また、Androidの場合は、プレビュー画面に任意の編集アプリのアイコン（ここでは 💠 ）が表示されるので、タップしてアプリを起動し、編集します。

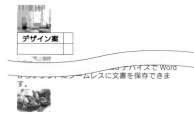

デバイスで Word
にシームレスに文書を保存できます。

見出し2
ファイルから画像を挿入したり、図形、テキストボックス、表を追加したりするとします。その合は、リボンの [挿入] タブで、必要なオプション

291

67 チャットしよう

参加者
ホスト

覚えておきたいキーワード
- ☑ チャット
- ☑ メッセージ
- ☑ グループチャット

メンバーと1対1、もしくは複数人でプライベートチャットやグループチャットを利用して会話を行うことができます。チームやチャネル内での会話と同様にメッセージの送信やファイルの共有が可能です。

1 1対1でチャットをする

メモ：メッセージに「優先度」を設定する

P.293手順6の画面で🙂をタップし、＜優先度＞をタップすると、メッセージに「重要!」と設定できます。再度、＜優先度＞をタップすると、設定は解除されます。

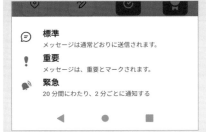

標準
メッセージは通常どおりに送信されます。

重要
メッセージは、重要とマークされます。

緊急
20 分間にわたり、2 分ごとに通知する

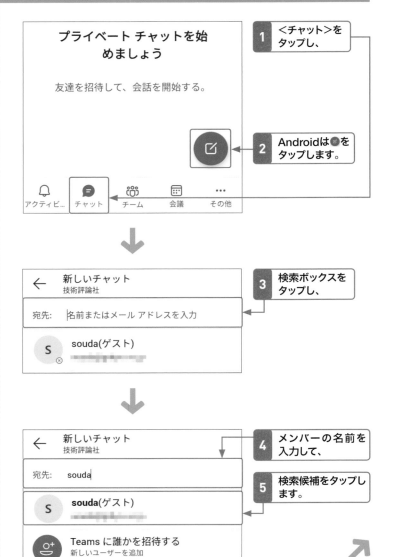

プライベート チャットを始めましょう

友達を招待して、会話を開始する。

アクティビ...　チャット　チーム　会議　その他

1 ＜チャット＞をタップし、

2 Androidは🙂をタップします。

← 新しいチャット
技術評論社

宛先: 名前またはメール アドレスを入力

S souda(ゲスト)

3 検索ボックスをタップし、

← 新しいチャット
技術評論社

宛先: souda

S souda(ゲスト)

Teams に誰かを招待する
新しいユーザーを追加

4 メンバーの名前を入力して、

5 検索候補をタップします。

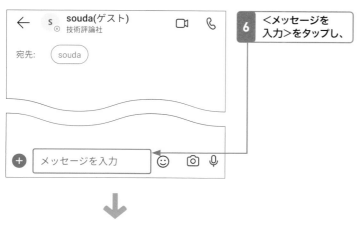

6 <メッセージを入力>をタップし、

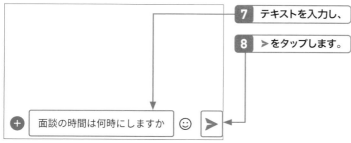

7 テキストを入力し、

8 ＞をタップします。

2 チャットにメンバーを追加する

1 手順6の画面で宛先ボックスをタップし、

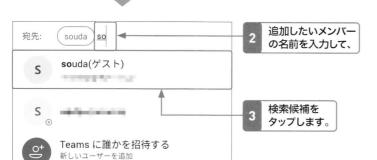

2 追加したいメンバーの名前を入力して、

3 検索候補をタップします。

メモ **グループチャット名を変更する**

複数人でのチャット画面上部の「○○と○○」をタップし、＜名前グループチャット＞をタップします。グループ名を入力し、＜OK＞をタップすると、グループチャット名が変更され、わかりやすくなります。

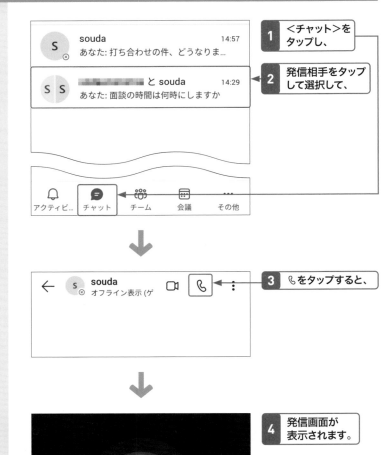

Section

68

参加者
ホスト

チャットから通話を
開始しよう

覚えておきたいキーワード
☑ チャット
☑ 音声通話
☑ ビデオ通話

プライベートチャットを利用して、音声通話やビデオ通話を行うことができます。ビデオ通話中にチャットに移動することや最大50人のユーザーとビデオ通話を行うこともできるので、活用してみましょう。

1 チャットから音声通話を発信する

📖✐メモ ビデオ通話を発信する

手順**3**の画面で🎥をタップすると、ビデオ通話が発信されます。

	souda	14:57
S	あなた: 打ち合わせの件、どうなりま…	

	▮▮▮▮▮▮▮ と souda	14:29
S S	あなた: 面談の時間は何時にしますか	

🔔 アクティビ…   💬 チャット   👥 チーム   📅 会議   ・・・ その他

1 ＜チャット＞を
タップし、

2 発信相手をタップ
して選択して、

↓

← S souda
ⓧ オフライン表示 (ゲ   🎥   📞   ⋮

3 📞をタップすると、

↓

S

4 発信画面が
表示されます。

📖✐メモ ボイスメール

発信相手がオフラインの場合や応答できない場合には、ボイスメールに接続されます。留守番電話と同様に音声が録音され、相手に送信されます。

2 グループチャットからビデオ通話を発信する

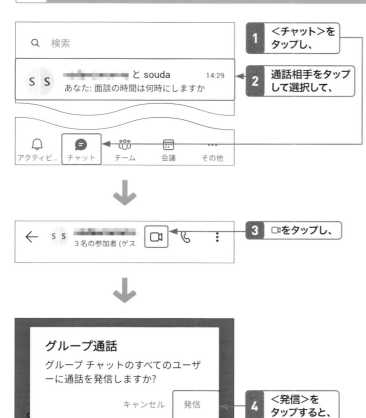

1 <チャット>をタップし、

2 通話相手をタップして選択して、

3 📹をタップし、

4 <発信>をタップすると、

5 発信画面が表示されます。

 メモ **音声通話を発信する**

手順3の画面で📞をタップすると、音声通話が発信されます。

 ヒント **通話相手**

通話相手もしくは通話グループは、手順1～2の画面のようにチャットの履歴から選択します。チャットの開始手順は、Sec.67を参照してください。

メモ **通話中にチャットをする**

通話中に💬をタップすると、チャット画面が表示され、メッセージを送受信できます。

295

会議に参加しよう

覚えておきたいキーワード
☑ 会議
☑ 参加
☑ 会議画面

会議の招待URLをタップすることで、スマートフォンでも会議に参加することができます。会議中にチャットをしたり、会議をレコーディングしたりすることも可能です。

1 会議に参加する

📝メモ ビデオとマイクのオン・オフを切り替える

手順②の画面で<ビデオオフ>と<マイクオフ>をタップすると、それぞれオンに切り替わります。

Teams 会議に招待されました

デザイン企画会議

https://teams.microsoft.com/l/
meetup-join/
19%3ameeting_MmM4MWRhMmEt
ODFjYi00ZTU1LTg5OTUtNGNhNTM
3YjlyMTgy%40thread.v2/0?
context=%7b%22Tid%22%3a%229
6cb6392-f135-4c7b-bdab-
d06192bf1c86%22%2c%22Oid%22
%3a%2283f7733a-b6c9-4390-

1 共有された招待URLをタップし、

ビデオ オフ　　マイク オフ　　iPhone

今すぐ参加

2 <今すぐ参加>をタップすると、

← 新しい会議
00:14

3 会議に参加します。

Teams

第 **8** 章　スマートフォンでMicrosoft Teamsを利用しよう

2 会議の基本画面を確認する

ビデオ会議中の
各種機能

をタップすると、会議のレコーディングや
画面共有、「手を挙げる」などの操作ができ
ます。

	説明
①	ビデオ会議に参加しているメンバーとチャットができます
②	ビデオ会議に参加しているメンバーを確認したり、メンバーを招待したりすることができます
③	カメラのオン・オフを切り替えることができます
④	マイクのオン・オフを切り替えることができます
⑤	スピーカーや音声のオン・オフを切り替えることができます
⑥	ビデオ会議中の各種機能や画面表示の操作が行えます
⑦	会議を終了します

297

会議を予約しよう

覚えておきたいキーワード
☑ 会議
☑ 予約
☑ 招待 URL

デスクトップ版と同様に、スマートフォンでもあらかじめ会議のスケジュールを設定することができます。なお、無料版ではチームやチャネルを指定してスケジューリングすることはできません。招待 URL を共有しましょう。

1　会議を予約する

📝 メモ　**予約した会議を編集する**

P.299 手順 **3** の画面で＜編集＞をタップすると、編集画面が表示されます。＜削除＞をタップすると、予約した会議が削除されます。

🔗	会議出席依頼を共有
🔗	会議のリンクのコピー

参加　　編集

⚙️	会議のオプション
🗑	削除

📝 メモ　**予約した会議を確認する**

予約した会議は、画面下部の＜会議＞をタップすると、確認することができます。また、連日の会議の予定もあわせて表示されます。

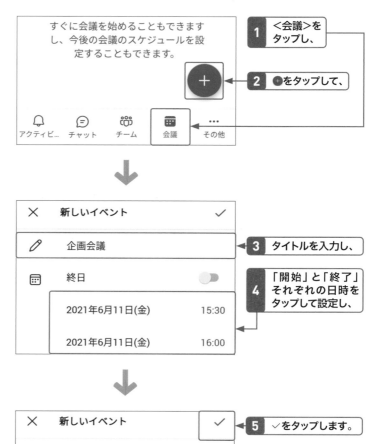

すぐに会議を始めることもできますし、今後の会議のスケジュールを設定することもできます。

1 ＜会議＞をタップし、

2 ⊕ をタップして、

| アクティビ… | チャット | チーム | 会議 | その他 |

↓

✕	新しいイベント	✓
✏️	企画会議	

3 タイトルを入力し、

📅	終日	⬤
	2021年6月11日(金)	15:30
	2021年6月11日(金)	16:00

4 「開始」と「終了」それぞれの日時をタップして設定し、

↓

✕	新しいイベント	✓

5 ✓ をタップします。

✏️	企画会議	
📅	終日	⬤
	2021年6月11日(金)	15:30
	2021年6月11日(金)	16:00

2 招待URLを共有する

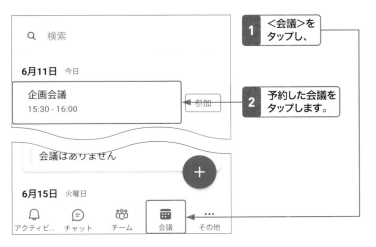

1 <会議>を
タップし、

2 予約した会議を
タップします。

3 <会議出席依頼を
共有>をタップし、

4 任意の共有アプリ
をタップして選択す
ると、

Teams 会議に招待されました！

企画会議

https://teams.microsoft
.com/l/meetup-join/19
%3ameeting

5 招待URLとメッセー
ジが入力されます。

ヒント 招待URLのみコピーしたい

手順3の画面で<会議のリンクのコピー>をタップすると、URLがクリップボードにコピーされます。任意のチャットやメールに貼り付けて送信することで、共有可能です。

企画会議
2021年6月11日(金)
15:30 - 16:00

会議出席依頼を共有

会議のリンクのコピー

メモ 招待URLからアプリをインストールする

手順5で送信されたメッセージをタップすると、アプリに関する画面が表示されます。アプリをまだインストールしていない場合は、<Teamsを入手する>をタップし、画面の指示に従い、インストールを行う必要があります。

Microsoft Teams で会議に参加する

最初に、アプリをダウンロードする
必要があります。

Teams を入手する

Section 71 会議を開始しよう

参加者 / ホスト

覚えておきたいキーワード
☑ 会議
☑ チャネル
☑ 開始

スマートフォンでは、自分のみで会議を開始してからメンバーを追加する方法とチャネルで会議を開始する方法があります。会議の基本画面はSec.69を参照してください。

1 自分のみで会議を開始する

ヒント　メンバーを追加する

手順**4**の画面で<参加者を追加>をタップすると、チームのメンバーを検索して追加できます。<会議出席依頼を共有>をタップすると、招待URLを共有できます。共有手順はP.299手順**4**〜**5**を参照してください。

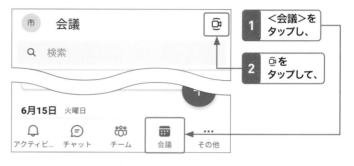

1 <会議>をタップし、

2 📷をタップして、

3 <会議を開始>をタップします。

4 <参加者を追加>もしくは<会議出席依頼を共有>をタップして参加者を追加します。

2 チャネルで会議を開始する

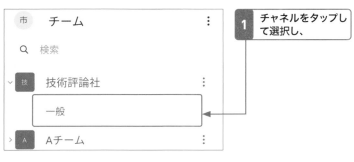

 1 チャネルをタップして選択し、

2 をタップして、

3 ＜会議を開始＞をタップします。

4 チャネルに会議の開始が通知されます。

ヒント メンバーを追加する

手順 **3** の画面で＜会議を開始＞をタップすると、会議へメンバーを追加する方法が表示されます。＜参加者を追加＞をクリックすると、チームのメンバーを招待できます。また、＜会議出席依頼を共有＞をタップすると、招待 URL を共有できます。招待 URL からチャネル外のメンバーを参加者として追加できます。

ヒント チャネルの会議に参加する

チャネルで開始された会議に参加するには、手順 **4** の画面で＜参加＞をタップします。

通知設定を変更しよう

覚えておきたいキーワード
☑ 通知設定
☑ 通知項目
☑ 通知切り替え

チャットやメッセージの受信時の通知設定、項目ごとの通知設定を変更することができます。ここでは、パソコンとスマートフォン両方で二重に通知を受け取らない設定と通知項目を変更する手順を解説します。

1 デスクトップ版を起動していない場合のみ通知を受け取る

📖✍メモ　**パソコンとスマートフォン両方で通知を受け取る場合**

パソコンとスマートフォン両方で通知を受け取るには、手順**4**の画面で ◯ をタップして ◯ にします。

← デスクトップでアクティブになって…

通知をブロック

デスクトップでアクティブになっている場合 　　◯

3分間操作が行われないと、デスクトップで非アクティブと見なされます。

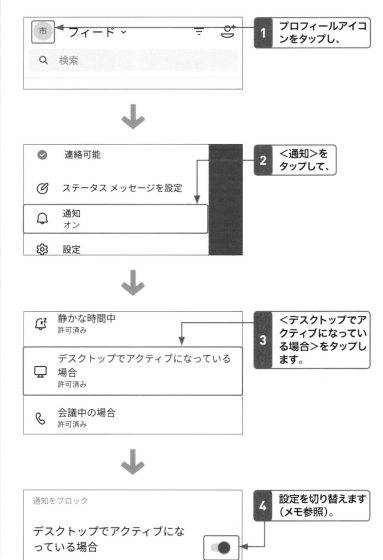

市　フィード ✓　　　　　🔍 ✛

🔍 検索

1 プロフィールアイコンをタップし、

✅ 連絡可能

✏️ ステータス メッセージを設定

🔔 通知
　　オン

⚙️ 設定

2 <通知>をタップして、

🔕 静かな時間中
　　許可済み

🖥️ デスクトップでアクティブになっている
　　場合
　　許可済み

📞 会議中の場合
　　許可済み

3 <デスクトップでアクティブになっている場合>をタップします。

通知をブロック

デスクトップでアクティブになっている場合　　　　　　⬤

4 設定を切り替えます（メモ参照）。

2 通知項目を変更する

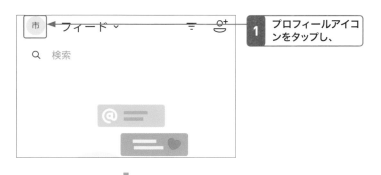

1 プロフィールアイコンをタップし、

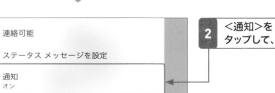

2 <通知>をタップして、

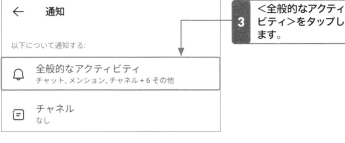

3 <全般的なアクティビティ>をタップします。

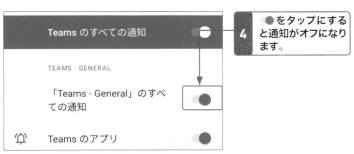

4 ●をタップにすると通知がオフになります。

メモ 通知のオフ時間を設定する

P.302手順**3**の画面で<静かな時間中>（Androidは<通知オフ時間>）をタップすると、通知をオフにする時間帯や曜日を設定できます。

メモ 会議中に通知をミュートにする

P.302手順**3**の画面で<会議中の場合>をタップし、 をタップして、●にすると、スマートフォンを使用して会議に参加している最中の通知をミュートに設定することができます。なお、Androidでは手順**4**の画面ですべての通知をオフに設定する方法のみです。

73

参加者
ホスト

在席状況を変更しよう

覚えておきたいキーワード
☑ 在席状況
☑ ステータスメッセージ
☑ 設定項目

在席状況を表示することで、相手とのコミュニケーションがスムーズに行われます。また、在席状況とあわせて「ステータスメッセージ」を設定することで、より詳細に自分の状況を知らせることができます。

1 在席状況を変更する

📝メモ ステータスメッセージを設定する

自分の在席状況を相手に伝える手段として、「ステータスメッセージ」を設定することもできます。退席時間が決まっている場合などに活用しましょう。なお、ステータスメッセージはAndroidのみで表示され、iPhoneでは確認できません。手順2の画面で＜ステータスメッセージを設定＞をタップし、任意のメッセージを入力して☑をタップすると、設定できます。

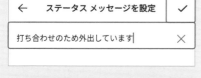

← ステータス メッセージを設定	✓
打ち合わせのため外出しています	✕

📝メモ 在席状況とステータスメッセージの確認

設定した在席状況とステータスメッセージは、確認したいユーザーのアイコンをタップすると確認できます。

ステータス メッセージ　　　投稿しました：1月 18, 2021
16時から会議のため連絡が遅れます

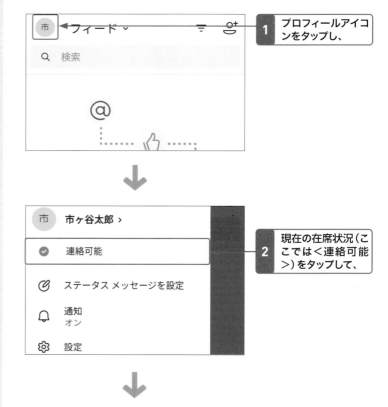

1 プロフィールアイコンをタップし、

2 現在の在席状況（ここでは＜連絡可能＞）をタップして、

3 変更したい在席状況（ここでは＜応答不可＞）をタップします。

第**9**章

Microsoft Teamsで困ったときのQ&A

Question

01

参加者
ホスト

使用しているデバイスを確認したい!

Answer

1 設定画面からデバイスを確認します。

ビデオ会議を行う際には、場所やインターネット環境に応じて、マイクやスピーカーなどのデバイスを適切に選択する必要があります。使用しているマイクやカメラ、スピーカーを確認してみましょう。

1 プロフィールアイコンをクリックし、

2 <設定>をクリックして、

3 <デバイス>をクリックすると、

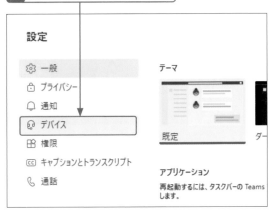

4 使用しているデバイスが表示されます。

5 各デバイスの∨をクリックすると、

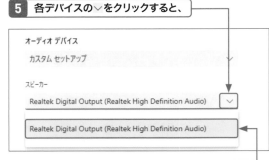

6 デバイスの変更ができます。

Question

02

参加者
ホスト

テスト通話を
行いたい!

Answer

1 設定画面から
テスト通話を開始します。

テスト通話では、任意の音声やメッセージを録音し、その録音音声を確認できます。音質等を確認したい場合などに便利な機能です。Microsoft Teamsの場合は、設定画面からテスト通話を行うことができます。

1 設定画面で<テスト通話を開始>をクリックすると、

スピーカー
Realtek Digital Output (Realtek High Definition Audio)

マイク
なし

📞 テスト通話を開始

2 テスト通話が開始されます。

3 終了後に結果が表示されます。

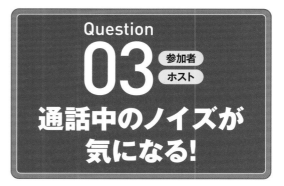

Question

03

参加者
ホスト

通話中のノイズが
気になる!

Answer

1 音声以外が
抑制されるように設定します。

通話中のノイズが気になる場合は、音声以外のバックグラウンドの音が聴こえなくなるように設定することで、通話中のノイズを抑制することができます。なお、音楽などを通話相手に聴かせたい場合は、一時的にノイズの抑制を「低」に設定するなどの対応が必要になります。

1 設定画面から「ノイズの抑制」という項目を探し、<自動 (既定) >をクリックします。

ノイズ抑制 ⓘ

他の人が音楽を聞くことができるようにする場合は、[低]を選びます。　詳細情報をご確認ください。

自動 (既定)

2 <高>をクリックすると、ノイズがより抑制されるようになります。

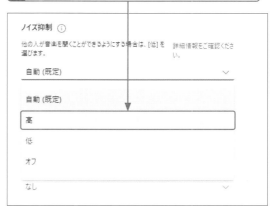

ノイズ抑制 ⓘ

他の人が音楽を聞くことができるようにする場合は、[低]を選びます。　詳細情報をご確認ください。

自動 (既定)

自動 (既定)

高

低

オフ

なし

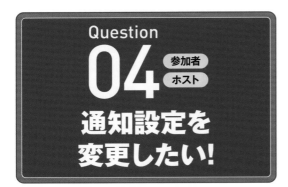

Question

04

参加者
ホスト

通知設定を
変更したい!

Answer

1 「優先アクセス」機能を
設定します。

「優先アクセス」機能を利用すると、特定のユーザーからの通知をいつでも受け取ることができるように設定できます。在席状況が応答不可の場合でも、通知を受け取ることが可能です。

1 プロフィールアイコンをクリックし、

2 <設定>をクリックして、

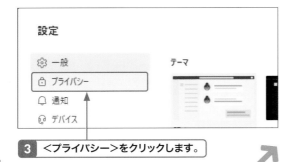

3 <プライバシー>をクリックします。

4 <優先アクセスを管理>をクリックし、

応答不可

ステータスを応答不可に設定しても、優先アクセス権を持つユーザーからの通知を引き続き受信できます。

優先アクセスを管理

ブロックした連絡先

ブロックした連絡先は、あなたへの通話やあなたのプレゼンスの表示ができなくなります。

□ 発信者 ID のない通話をブロック

ブロックした連絡先を編集

既読確認

5 <名前または番号でユーザーを検索>をクリックして、

< 設定に戻る
優先アクセスを管理する
ステータスが応答不可に設定されている場合でも、次の人からのチャット、通話、および @メ

ユーザーを追加

名前または番号でユーザーを検索

6 通知を受け取りたいユーザーを入力して検索します。

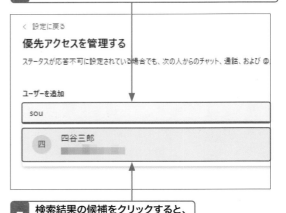

< 設定に戻る
優先アクセスを管理する
ステータスが応答不可に設定されている場合でも、次の人からのチャット、通話、および @

ユーザーを追加

sou

四　四谷三郎

7 検索結果の候補をクリックすると、設定が完了します。

Teams

第 9 章

Microsoft Teams で困ったときの Q&A

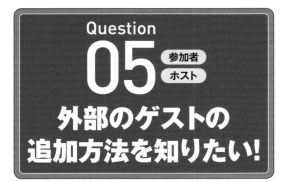

Question

05

参加者
ホスト

外部のゲストの追加方法を知りたい!

Answer

1 「外部アクセス」と「ゲストアクセス」について確認します。

Microsoft Teams は、組織内部でのコミュニケーションに加え、取り引き先などの外部のゲストなどとのコミュニケーションツールとしても利用可能です。このような外部のゲストを追加する方法として、Microsoft Teamsには「外部アクセス」と「ゲストアクセス」という2種類の方法が用意されています。

外部アクセス

1. チームに招待せずにチャットや会議ができる
2. チームやチャネルにアクセスできない
3. 管理者が細かな制御をできない

ゲストアクセス

1. チームに招待することでチャットや会議ができる
2. チームやチャネルにアクセスできる
3. 管理者が細かな制御をできる

Answer

2 追加方法を選択します。

外部ゲストの追加方法は、「通話もしくはチャットの機能のみで業務やコミュニケーションが完結するか」を基準に考えてみましょう。これらの機能のみでも業務やコミュニケーションに支障がない場合は、外部アクセスの利用で十分です。一方、通話やチャットのほかにチームやチャネル内での共同作業、資料の共有、タスク管理が必要な場合は、ゲストアクセスの利用をおすすめします。

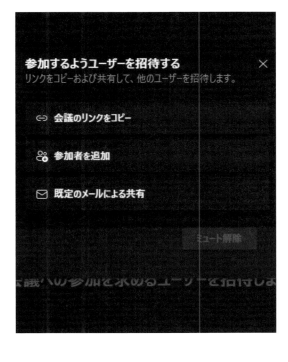

Teams

第 **9** 章

Microsoft Teams で困ったときのQ&A

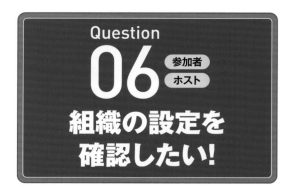

Question

06

参加者
ホスト

組織の設定を
確認したい！

Answer

1 管理項目を表示して確認します。

招待の管理とは、組織にメンバーを招待できる権限をメンバー全員あるいは自分のみに設定する機能です。メンバーを招待する権限を自分のみに設定したい場合は、「メンバーが他のユーザーを参加に招待できるようにする」のチェックをクリックして外します。また、リンクの管理とは、組織への参加リンクを管理する機能です。自動参加をオンに設定すると、URLをクリックするだけで組織に参加できます。

1 プロフィールアイコンをクリックし、

2 <組織を管理>をクリックして、

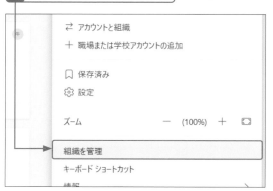

3 <設定>をクリックすると、

4 管理項目が表示されるので、

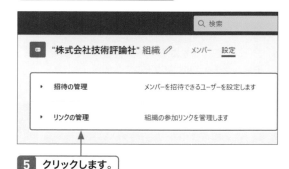

5 クリックします。

6 設定項目が表示されます。

Question

07

参加者
ホスト

チームのアクセス
許可項目を確認したい!

Answer

1 チームの管理画面から確認できます。

チームの管理画面では、アクセス許可の項目を確認することができます。また、それ以外にも参加メンバーの確認や権限の変更、アクティビティの分析、利用アプリの確認も行えます。

1 チームにマウスポインターを合わせ、

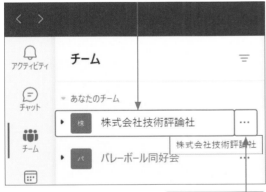

2 …をクリックし、

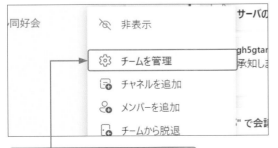

3 <チームを管理>をクリックします。

4 <設定>をクリックすると、

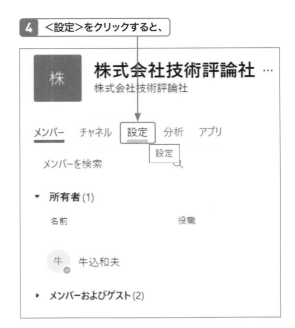

5 アクセス許可項目が表示されるので、

6 クリックして確認します。

Question
08
参加者 ホスト

チームのプライバシー設定を変更したい!

Answer

1 チームの編集画面から設定できます。

プライバシー設定とは、チームとチャネルに置いて、メンバーを管理する設定です。チームには、組織全員が自動でアクセスできる「組織チーム」とメンバーが任意でアクセスできる「パブリックチーム」、所有者から招待されたメンバーしかアクセスできない「プライベートチーム」の3種類があります。

1 チームにマウスポインターを合わせ、

2 …をクリックし、

3 <チームを編集>をクリックします。

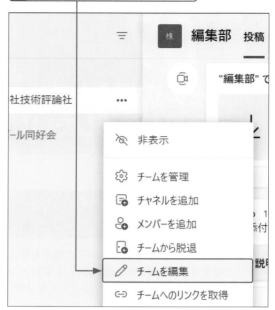

4 「プライバシー」の ∨ をクリックし、

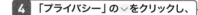

5 プライバシー設定をクリックして選択して、

6 <完了>をクリックします。

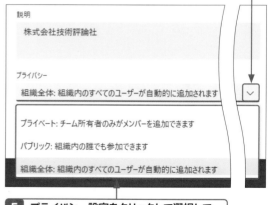

Question 09

参加者 / ホスト

教育機関向けのライセンスについて知りたい！

Answer

1 教育機関向けのライセンスについて確認します。

教育機関向けMicrosoft Teamsは「Office 365 Education」として、教職員が組織の管理者やチームの所有者として、クラスの役割を担うチームを作成し、専門的な学習や学生とのコミュニケーションを行います。教育機関向けのサービスとして、「課題の作成や提出」、「オンライン授業」、「授業や課題のスケジュール設定」などさまざまな特徴的な機能を活用できます。

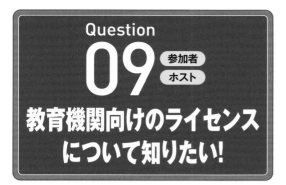

https://www.microsoft.com/ja-jp/microsoft-365/academic/compare-office-365-education-plans

利用を開始するには、表にもあるように、ライセンスを取得する必要があります。無料プランでは、授業や課題などの作業に必要な基本的な機能が搭載されているので、こちらから試してみることをおすすめします。なお、教職員がライセンスを割り当てる場合、特定の製品のライセンスを最大20人のユーザーに割り当てることができます。

	Office 365 A1	Office 365 A3	Office 365 A5
月間料金（税別）	無料	学生 270円 教職員 350円	学生 650円 教職員 870円
共有可能データ量	組織全体で1TB		
Word Excel PowerPoint Outlook	○（Web版のみ）	○	○
OneNote OneDrive SharePoint	○	○	○
Forms	○	○	○
Bookings	×	○	○
Power BI	×	×	○
Access	×	○	○

Question 10 参加者 ホスト

ショートカットキー を利用したい!

Answer

1 利用可能なショートカットキー を確認できます。

ショートカットキーを利用すると、操作やタスクの処理をすばやく行うことができます。ここでは、Microsoft Teamsで利用可能なショートカットキーを確認する手順を紹介します。

ショートカットキーの一覧を表示する

1 プロフィールアイコンをクリックし、

2 <キーボードショートカット>をクリックすると、

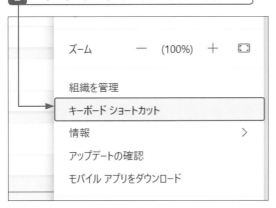

ズーム ― (100%) ＋ □

組織を管理

キーボード ショートカット

情報 ＞

アップデートの確認

モバイル アプリをダウンロード

3 ショートカットキーが表示されます。

macOSのショートカットキーを確認する

手順**3**の画面で<すべてのプラットフォームのショートカットを表示>をクリックすると、ブラウザが起動し、Microsoft Teamsのショートカットキーについての記事が表示されます。<macOS>をクリックすると、macOSの場合に対応したショートカットキーを確認できます。

Office のアクセシビリティ / Microsoft Teams / Microsoft Teams で使用するショートカット キー

Microsoft Teams で使用するショートカット キー

Microsoft Teams

Windows **macOS**

このトピックでは、Microsoft Teams on Mac のキーボード ショートカットの一覧を示します。

注:

- このトピックで示すショートカット キーは、米国のキーボードのレイアウトを参照しています。他のレイアウトのキーは、米国のキーボードのキーと正確に対応しない場合があります。
- ショートカットで同時に 2 つ以上のキーを押す必要がある場合、このトピックでは正符号 (+) でキーを区切っています。あるキーを押した直後に別のキーを押す必要がある場合は、キーが読点 (、) で区切られています。
- ショートカット キーのリストは、Microsoft Teams on Mac アプリで開くことができます。Command + E を押して画面上部の検索フィールドにフォーカスを移動し、[/keys] と入力して Return キーを押します。一覧を閉じるには、Esc キーを押します。

全般

操作内容	Mac	Web
ショートカット キーを表示する	Command + ピリオド (.)	Command + ピリオド (.)
検索に移動	Command + E	Command + E
コマンドを表示する	Command + スラッシュ (/)	Command + スラッシュ (/)
フィルターを開く	Command + Shift + F	Command + Shift + F
移動	Command + G	Command + Shift + G
アプリのフライアウトを開く	Command + アクセント (`)	Command + アクセント (`)
新しいチャットを開始する	Command + N	Option + N

Answer

1 検索したコマンドを実行できます。

Microsoft Teamsでは、コマンドで操作やタスクの処理を行うこともできます。コマンドはワークスペース上部の＜検索＞に入力して実行します。

コマンドを実行する

1 ワークスペース上部の＜検索＞をクリックし、

2 「/」を入力すると、

3 コマンドが表示されるので、

/activity	他のユーザーのアクティビティを表示
/available	状態を [連絡可能] に設定
/away	状態を [退席中] に設定
/brb	状態を [一時退席中] に設定
/busy	状態を [取り込み中] に設定
/call	誰かと通話します
/chat	クイック メッセージを担当者に送信します
/dnd	状態を [応答不可] に設定
/find	ページの検索
/goto	チームまたはチャネルに移動
/help	Teams のヘルプを表示します
/join	チームに参加します
/keys	キーボード ショート カットを参照
/mentions	すべての @ メンションを表示します
/org	他のユーザーの組織図を表示
/pop	新しいウィンドウにチャットをポップアップ 表示します
/saved	保存したリストを表示
/testcall	テスト通話を開始
/unread	未読のアクティビティをすべて表示します

4 コマンドをクリックして選択、もしくは入力します。

コマンドを確認する

手順4の画面ですべてのコマンドを確認することができます。ここでは、特に利用頻度の多そうなコマンドを紹介します。

コマンド	説明
/available	在席状況を「連絡可能」に設定します
/away	在席状況を「退席中」に設定します
/busy	在席状況を「取り込み中」に設定します
/dnd	在席状況を「応答不可」に設定します
/join	「チーム」に参加します
/keys	ショートカットキーを表示します
/saved	保存済みのメッセージを表示します
/testcall	テスト通話を行います
/unread	未読のアクティビティを表示します

Zoom 索引

Microsoft Teams 索引

319

お問い合わせについて

本書に関するご質問については、本書に記載されている内容に関するもののみとさせていただきます。本書の内容と関係のないご質問につきましては、一切お答えできませんので、あらかじめご了承ください。また、電話でのご質問は受け付けておりませんので、必ずFAXか書面にて下記までお送りください。なお、ご質問の際には、必ず以下の項目を明記していただきますようお願いいたします。

1　お名前
2　返信先の住所またはFAX番号
3　書名（今すぐ使えるかんたん　Zoom & Microsoft Teams がこれ1冊でマスターできる本）
4　本書の該当ページ
5　ご使用のOSとソフトウェアのバージョン
6　ご質問内容

なお、お送りいただいたご質問には、できる限り迅速にお答えできるよう努力いたしておりますが、場合によってはお答えするまでに時間がかかることがあります。また、回答の期日をご指定なさっても、ご希望にお応えできるとは限りません。あらかじめご了承くださいますよう、お願いいたします。

問い合わせ先

〒162-0846
東京都新宿区市谷左内町21-13
株式会社技術評論社　書籍編集部
「今すぐ使えるかんたん　Zoom & Microsoft Teams がこれ1冊でマスターできる本」質問係
FAX番号　03-3513-6167

https://book.gihyo.jp/116/

今すぐ使えるかんたん
Zoom & Microsoft Teams が
これ1冊でマスターできる本

2021年7月29日　初版　第1刷発行
2022年3月30日　初版　第2刷発行

著　者●マイカ、リンクアップ、技術評論社編集部
発行者●片岡　巌
発行所●株式会社　技術評論社
　　　　東京都新宿区市谷左内町21-13
　　　　電話　03-3513-6150　販売促進部
　　　　　　　03-3513-6160　書籍編集部
装丁●田邉恵里香
本文デザイン●内藤真理
本文レイアウト●技術評論社販売促進部
本文イラスト●三井俊之
担当●早田治
製本／印刷●大日本印刷株式会社

定価はカバーに表示してあります。

ISBN978-4-297-12201-0 C3055
Printed in Japan

お問い合わせの例

FAX

1　お名前
　　技術　太郎

2　返信先の住所またはFAX番号
　　03-XXXX-XXXX

3　書名
　　今すぐ使えるかんたん
　　Zoom & Microsoft Teams が
　　これ1冊でマスターできる本

4　本書の該当ページ
　　80ページ

5　ご使用のOSとソフトウェアのバージョン
　　Windows 10
　　Zoom クライアント 5.6.5

6　ご質問内容
　　画面共有ができない

※ご質問の際に記載いただきました個人情報は、回答後速やかに破棄させていただきます。